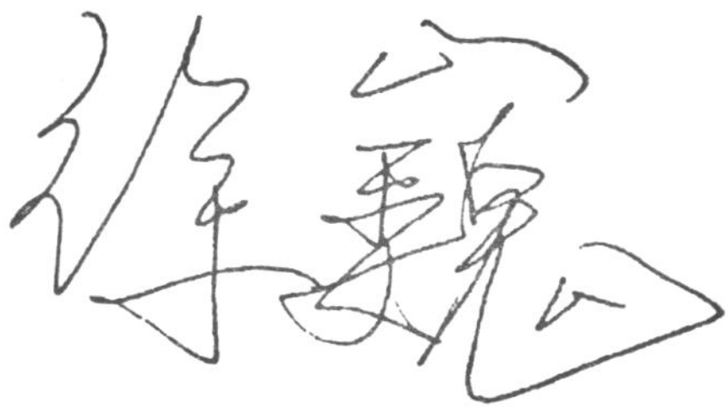

阅美
文化

悦 读 阅 美 · 生 活 更 美

女性生活时尚阅读品牌

□ **宁静** □ **丰富** □ **独立** □ **光彩照人** □ **慢养育**

像爱奢侈品一样爱自己

珍藏版

写给女孩们的心灵硫酸

徐巍 著

漓江出版社

再版序 PREFACE

一本书就是一个印记

2015年我在卸任《时尚·COSMO》主编时，出版了自己的第一本书，就是这本《像爱奢侈品一样爱自己》。很开心，书籍出版后，得到了很多年轻女孩的共鸣和喜爱，“像爱奢侈品一样爱自己”甚至成为一句流行语，这是本着“给自己主编生涯留个纪念”为初衷的我所始料未及的，在此特别感谢所有喜爱这本书的读者，也感谢出版社的符主编愿意出个精装本，给我的纪念来个“升级版”。

很多读者之所以喜欢这本书，大概是它道出了新一代二十多岁到三十多岁成长中的女孩内心的困惑和纠结吧，敢于大胆表露自己不同于父辈的剑走偏锋的观点，厌恶心灵鸡汤式的传统老派观念，渴望活出一个麻辣鲜香喷薄奔放的人生……写这本书的我也正值那个年纪，二十九岁当上《时尚·COSMO》主编的我是当时*COSMOPOLITAN*全球50多个版本中是最年轻的主编之一，每一次去开*COSMOPOLITAN*全球主编大会时，我常常惊讶于“国外杂志媒体主编年纪资深”所言非虚。也正是因为杂志媒体在中国的年轻化，再加上经济高速成长下的中国各种价值观的大冲突，才成就了我的职业生涯和这本书的机缘。

其实现在回头再看这本书，还是有很多遗憾。书中摘选了很多我为杂志写的卷首语，虽然话题自认为还是有感而发的，但碍于每期杂志1000字篇幅所限，很多话题没有展开和深入，有些流于口号和空洞。但也不打算狗尾续貂了，正所谓“人生若无悔，还有什么趣”，一本书就是一个印记，就让它记录那个时代的自己吧，或鸡血，或辛辣，或幼稚，或纠结……

唯一的改动就是不打算继续用“时尚女魔头”这个名号行走江湖了，还是用“时尚女主编”如实些。一是本身我的职业生涯在这几年中也发生了很多变动，其中感慨一言难尽。更重要的是，本人一直也觉得“时尚女魔头”的称号就是个虚妄，尤其是在中国。中国时尚媒体所引领的狭义上以服饰美容为主导的时尚产业得益于中国经济的腾飞，快速成长为国外时尚品牌的最大市场，但不过是消费市场而已，中国迄今为止尚未诞生真正影响世界的原创时尚品牌，在一个没有话语权的消费市场却为谁是江湖老大争个你死我活本身就很无聊。更何况中国所谓一线大刊主编的江湖地位更是站在巨人的肩膀上，不过是国外百年期刊的品牌积淀在中国给自己的机遇而已，虽然不能说没有自己的功力在，但误认为戴上个墨镜混迹于奢华派对就是女魔头了也未免让内行人笑掉大牙。

虽然自己的人生轨迹发生了很大转变，但庆幸的是《像爱奢侈品一样爱自己》这本书所倡导的不断成长、不断提升自我的努力，于我自身并没有放弃。包括对这本书中的一些观点，自己也一直在思考，很多自认为很特立独行的观点，是否经得起追问呢？

灵魂伴侣不是找到的，而是创造的——怎么定义“灵魂伴侣”？这种理想化的追求是否本身就是我们烦恼的根源？

让别人越来越爱你的唯一秘诀就是让他们看到一个越来越好的你——反问下，如果你的伴侣不能越来越好，是否就应该理所当然抛弃他呢？

把最好的留给自己——听上去是没错，可是能如此绝对吗？如何把握度？

…………

也因此，每当有人劝我再写一本类似《像爱奢侈品一样爱自己》这样的书时，我都婉言谢绝。物来则应，过往不留。如果你看到我的下一本书，也许会惊讶于一个人的人生会有如此大的转变。

一本书就是一个印记。

变的是行走的方向，心灵的导引，终极的探寻。

不变的是印记本身，以及透过印记刻在生命中的欢声笑语、苦乐悲欣。

“这样的书名不好，离读者太远！”

我的书名《像爱奢侈品一样爱自己》刚一报出，就遭到了出版社小编的“枪毙”。

情理之中。

我相信，每一个如我一般在中国长大的女孩子，在我们所受的教育里，好女孩与“奢侈品”三个字都是扯不上什么关系的。

女孩子要朴素，要低调，要心灵美，要追求简单的快乐和幸福，而这一切，都与“奢侈品”没有半点关系。奢侈品＝拜金＝爱慕虚荣，总之，女孩子与“奢侈品”三个字扯上关系是危险的，是浮华不归路的开始。

在我自己的人生设计里，“奢侈品”三个字绝对是人生中的乱码，从来没想过自己的一生居然和奢侈品打了近20年交道。大学学新闻的我一直走的是文艺范儿清高路线，怀着各种新闻理想的我来《时尚》杂志社第一天面试时，老板问我对时尚的看法，我说：“太虚荣太浮躁，没有精神内涵。”（不知道他为什么录用了我。）在当时我的想法里，花几万块钱买一个包或一件衣服，如果不是脑子有病，肯定是虚荣到了极点。

没想到这一下子就“虚荣”了20年，整天周旋在各种奢侈品活动、派对、秀上，跟国内外优秀的设计师打交道，去国外参观奢侈品工坊，亲眼看到、感受到一件件产品诞生背后凝聚的心血、工艺和梦想，亲历一个个百年奢侈品品牌不断涅槃重生的故事，我渐渐从一个只能体会精神层面快乐的人，变得能够欣赏玩味物质之美。而且我发现，如果把我们每一个人的一生都当作一个品牌的话，奢侈品的品牌打造之路真的对我们有很多启示！

有时候我们不懂精神，是因为我们不懂物质。

像奢侈品一样认为自己值得拥有

你家里有很多便宜货吗？用后即扔心无挂碍吧？毫无珍惜之心吧？

“中国式好女孩”的教育里充斥着“便宜货思维”，在父母的眼里，“女孩子”这个品牌似乎从来不是一个值得打造、需要不断发展的独立的品牌。当我们选择职业时，他们说“女孩子不用太要强，差不多得了”；当我们选择男人时，他们说“别成为女强人，太强的女人没人要”；当我们感情受挫职业发展受阻时，他们说“知足吧，有这个男人（单位）要你不错了”……

真心痛恨这些限制女人自我发展的妈妈令。在这样的思维束缚下，我们看不到自我的价值，我们的自我在还没有翱翔的时候就已经折断了翅膀，成为一个价值期短暂、轻易被替代的廉价品牌。

而奢侈品不同。每一个奢侈品无论设计、工艺、美学价值、品牌内涵、历史传承都是精心打造的，它们从来不降格以求，虽然价格不菲，但它们坚信自己值得消费者终生拥有！

像奢侈品一样具有独特性

Unique（独特的）、Signature（签名产品）、Exclusive（独家的）是我们在跟奢侈品打交道时听到最多的词。每一个品牌都在不遗余力地打造自己的“独特性”——不可复制的历史传承、独特的设计、特殊的工艺，更是不厌其烦地讲述他们的签名产品到底好在哪里，无论是Chanel（香奈儿）的2.55包，还是Dior（迪奥）的Lady Dior（戴妃）包，抑或是Hermes（爱马仕）的Birkin（铂金）、Kelly（凯莉）包……每一个品牌每一个产品都在告诉你：我独一无二，无可替代！

而做时尚行业、做女性杂志的这些年，我发现虽然中国所有的时尚类女性期刊每期都在发布时尚趋势，传递女性价值，但很多女性在“追求自己的独特性”上还是信心不足，要么不敢，要么不会。走在大街上，你会看到 90% 的女性包括很多年轻女孩打扮得还是中规中矩，没有认识到时装是表达自我最有力的外在手段之一，不敢追求自己独特的风格，怕太扎眼、太夸张。同样，在职业、爱情、生活方式上，虽然她们不希望像父母一辈那样生活，但又似乎没有信心冲破一切阻碍活出一个独特精彩的自我！

为什么我们不能向奢侈品学习呢？每一个奢侈品品牌都知道，只有独一无二才能生存！仿冒品是没有永久价值的。独特就意味着你不可能被所有人喜欢，独特更意味着有风险而你要为它埋单，可是，每一个生命只来这世界走一遭，做一个安全的仿冒品是多么乏味的一件事啊！

ONE OR NOTHING! 如果不能独一无二，那么只能平淡无奇！

像奢侈品一样不断升级自己

如果你问我，和奢侈品打交道这么多年，最大的感触是什么？我的答案是：我特别钦佩他们敢于颠覆自我，与时俱进，升级品牌的激情与胆识。很多奢侈品都是有百年历史积淀的品牌，这是财富，某种程度上也是包袱。能历经世纪风雨仍然保持活力与年轻态，拥抱新一代的消费者，需要不断地颠覆自我，换设计师，换包装，推出新经典，Forever young（永远年轻）可以说是奢侈品不变的精神内核，这样才能永远具有不褪色的魅力！

说回女人自身，我们具有不断升级自我的激情与胆识吗？我们常常太满足于已经拥有的东西，不敢突破自己的舒适区不断发展自我。做《时尚·COSMO》14年主编的过程中（*COSMOPOLITAN*杂志被誉为女人的“性感圣经”），我最大的感触是，中国女人的魅力期太短了，从别人的女儿变成别人的妈妈，作为一个独立、性感女人的时期太短了，我们太擅长于扮演好自己的社会角色（女儿、妻子、媳妇、妈妈），却常常忘记了最重要的那个角色——自我。于是才会有越来越多坏男人背叛好女人的狗血故事重复上演，而解决这一切没有什么灵丹妙药，唯有一个真理：让别人越来越爱你的秘诀就是让他们看到一个越来越好的你！

如果这样他还不爱你怎么办？OK，离开他，带着你从内而外的美丽资本，继续爱继续往前走！

就像一个奢侈品品牌，总能找到喜欢它的消费者，只要你具有不可抗拒的魅力！

像奢侈品一样具有质感

一个包包一件衣服凭什么卖这么贵？在没入时尚圈之前，我不认为这里面有什么门道，不过是买的人以价格炫耀而已。而在奢侈品圈浸淫20年，参观过无数奢侈品制作工坊后我才知道，奢侈品价格昂贵的背后，凝聚的是手工匠人的工艺和心血。一个看似普通的包包，从外在的美学设计、贴心功能到内在的手工工艺，无不渗透着各种细节之美，面料的选择、衬里的材质、金属件的质感、手工缝线的精致、包装的精美……如此，一个产品不只是一个物件，而是承载了一个梦想！

外在的光鲜亮丽很容易过时，内在的丰富质感才能让奢侈品成为真正 Timeless（永恒）的产品！

女人的一生不也是这样吗？年轻貌美是我们最有竞争力的优势，但又是最容易随着时间流逝而光华不再的，只有不断打磨自己的质感（读书、旅行、体悟），才能让魅力永恒。

在这里我想纠正一个经常被拿出来对比的假命题：外在美和内在美哪一个重要？我的答案是：同等重要！没有什么比外在的美丽更吸引人的了，臭美是女人一生的伟大事业，Look good（看起来不错）才能 Feel better（感觉更好）！同时，我们更要不断扩充自己内在的世界，一个言语无趣谈话无物的塑料美人，早晚会让人味同嚼蜡。

美丽的敌人不是丑陋，是愚蠢！

…………

除了奢侈品本身，女人购买奢侈品的过程也像女人的一生——

自己通过辛苦努力挣钱买的奢侈品，那种快乐远远大于被人白送的快乐，那是对自己的奖赏，一个梦想成真的礼物。

刚开始购买奢侈品时，炫耀的心理多多少少是有一点的，而随着了解的深入，你越来越能欣赏奢侈品背后的美学和工艺，其实奢侈品说白了是一种“人与物件私密的快乐”，懂的人心照不宣，慢慢地，品质已经成为自己生活不可或缺的一部分。

最后，当你拥有了一件、一件、又一件奢侈品后，你甚至会走向哲学人生的道路：真的还需要再买一件吗？物欲能让我们更快乐吗？为什么不可以欣赏而不拥有？朴素也许才是最奢侈的吧？

哈哈，我简直把奢侈品说成宗教了。可为什么不是呢？世界是一个大的道场，奢侈品是修炼的法门之一，回到开篇那句话——有时候我们不懂精神，是因为我们不懂物质。

说了这么多奢侈品的优点，你一定会反驳我：难道奢侈品就没有缺点吗？我不爱奢侈品就不可以以别的方式爱自己了吗？

其实，做时尚这些年，我一直在问自己一个问题：如果不入时尚圈我会买奢侈品吗？

诚实的回答是：不一定。

即使买过很多奢侈品，越来越懂得奢侈品的好，我也非常不赞成把是否购买奢侈品作为人有没有品位的标志。品位与奢侈品无关，个人喜好不同罢了。

不过，遵从老天的安排，乱码也好，命中注定也罢，我总觉得，我们每一个人都会透过生命中投入最多的一件事物，在幽微的折射中，走向体悟生命本质的终极路途。

而老天给我安排的，恰恰是奢侈品。

而已。

目录
CONTENTS

PART 01

像爱奢侈品一样
爱自己

像爱奢侈品一样爱自己

从 1995 年 11 月加入时尚行业，回首一路的成长历程，我有时候也在问自己：到底是什么动力能够吸引我在时尚行业里工作这么多年？

“是因为奢侈品呀！”很多人是这么替我回答的，“天天跟它们打交道是多少女人的梦想工作啊！”可是你们知道吗，这份人人艳羡的工作曾经在我的眼里毫无意义。人大新闻系毕业的我很长一段时间都觉得只有政治、经济、社会新闻才是真正“有意义”的新闻，而奢侈品——一支口红、一件服装能够让社会进步吗？能拯救人类吗？

而阴错阳差在时尚圈浸淫了十几年后，我真真正正爱上了奢侈品文化，爱上了自己所从事的这份工作。了解一件衣服背后的品牌历史比关注股市行情更没有意义吗？感受一支口红给自己带来的自信和美丽与体会战争给人类带来的苦难和纷争有何不能共存呢？让自己变得更美好与关爱这个世界又有什么高下之分呢？

我们常常睁大了眼睛看外面的世界，却很少了解内心真正的自己。从这个意义上我希望每一个女人都去了解奢侈品，并且像爱奢侈品一样爱自己。

“奢侈品是一个美梦”——所以像拥有奢侈品一样拥有梦想吧！一个品牌能够创造百年历史，开端都是因为有一个梦想存在，而且从未放弃。

“奢侈品可以帮助我们超越日常生活的艰难”——超越物质而具有心灵的高度才是奢侈精神之所在。所以无论现实生活多么难以度过，都不要让心灵贫乏到失去追求美好的能力。

“像打造奢侈品牌一样活出自己的风格吧！”你想过吗？你自己就是一个品牌，一个有着你自己生命印记、生活风格的独特的品牌，不要模仿，不要抄袭，你就是你自己。

“像奢侈品一样认为自己值得拥有。”买过很多便宜货之后，才发现付出更多也更容易珍惜。奢侈品从来认为自己是物超所值的，因为刨去表面的光环，里面承载的是文化与历史。所以一定不要因年华的流逝、外貌的老去而放弃自己，永远认为自己值得拥有。

“奢侈就是持续不断地倾泻激情”——“不甘于接受不完美”是奢侈品超越时间历久弥新的关键之所在！所以不断努力、不断地充实自己，让自己变得更美好吧。找到自己、做自己，还要做最好的自己。

就像你每期买到的《时尚·COSMO》，不错，它只是一本20元钱的消费类杂志，看过就可以扔掉，但是，在我和所有参与创作的时尚编辑们的内心深处，我们真心希望它是一本承载着梦想、超越物质、有自己的个性、不断进步，从而让你觉得值得拥有的奢侈品，是你繁杂现实生活中的一个心灵伴侣，也许这才是我和所有《时尚》同人在时尚行业坚持到今天的动力之所在吧。

5颗星 VS 500万颗星

2014年是《时尚·COSMO》创刊21周年。有一个品牌叫Forever 21（永远21），真心觉得其道出了女人心底的呼声。前几天见一个女朋友，二十七岁的她郁闷地对我说：我也没觉得自己老，但怎么就找不到那种Shine的感觉了呢？

Shine闪耀，我喜欢这个词！

好吧，写了14年卷首语，归纳总结下我最想对Cosmo Girl们（通称，无论你是轻女、轻熟女还是熟女）说的，希望能让你们永远保持Shine的几句话吧！

1. 可驾驭的人生是最爽的！

人的一切尊严都始自一个独立的自我，起点是经济独立。请记住“自信”的定义——自我尊重感。一个好男人只是锦上添花，他不必然欠你一个“好生活”。永远把驾驭人生的缰绳掌握在自己手里吧！

2. 别束缚自己的翅膀。

让那些“女孩不用太要强”“女人不要太出色”的老话见鬼去吧！只有翱翔过的人才知道天空有多么辽阔。成就了自我，你才能看清楚这个世界。

3. 保持独立思考。

什么是幸福？怎么看待金钱？如何面对时尚？……一切问题都要用自己的脑子去思考，别轻易被洗脑。No rules, only choice！（没有规则，只有选择！）

4. 精彩人生孕育在可能性里。

要不要听父母的话？选不选这个公认的好老公？要不要循规蹈矩的生活？哈，精彩人生是需要埋单的，需要冒点险！否则洗洗睡吧。

5. 必须美丽！

这是我从事时尚18年最大的收获：肤浅的美丽是必需的！永远让美丽为你的人生加分！

6. 保持性感！

性感不等于性，更多的是感。这是一门女人的终身终极修炼术，做个妖精没什么不好。让别人越来越爱你的唯一秘诀，就是让他们看到一个越来越好的你！

7. 爱自己，直到自己浑身充满了爱！

爱自己是女性最爱谈的话题。不是只有给自己买名牌、做美容、做SPA是爱自己，让自己经历、让自己成长才是真正地爱自己！爱自己，直到自己浑身充满了爱！

8. 不想面目可憎就读书吧！

头脑空空的花瓶早晚会让人厌倦。

9. 成功是一瓶香水，可以闻嗅不可以痛饮。Success is like a perfume, you can smell it not drink it。

这话不是我说的，是天才时装设计师阿尔伯·艾尔巴茨说的。人生应该有点意义，也应该有点意思，否则你的 Shine 只是给别人看的。

10. 不是现实支撑了梦想，而是梦想支撑了现实。

这最后一句话，听上去似乎有点玄。讲一个真实的故事。2013 年的这个时候我在瑞士旅行，住在了琉森附近的皮拉图斯山山顶唯一的一家酒店——Pilatus-Kulm（皮拉图库姆拉酒店）。虽然做时尚主编这么多年，奢华酒店住过无数，但 Pilatus-Kulm 绝对堪称我最爱的酒店：坐在酒店宽敞的露台上喝咖啡，周围是静谧的群山，山间的牛铃声清脆地滑过寂静的山谷。在那里，我看到了最美的云海、日落、日出。白天在山间徒步，晚上在露台上看星星。

“Pilatus-Kulm 是五星的吧？”我问同去的导游柯莱特。

没想到她摇了摇头：“三星。”

原来在瑞士，四星、五星这样的酒店是有标准的。比如，你随时打电话到前台都有人接，随时可以叫餐，等等。而像 Pilatus-Kulm 这样在山顶的酒店是不可能达到这种服务的，自然也评不上五星。

“不过，”柯莱特说了那句让我永远难忘的话，“Pilatus-Kulm 不是 five-star hotel（五星级酒店），而是 five million stars（能看到 500 万颗星星的酒店）！”

就以这句话作为我 14 年主编生涯的一个总结吧。亲爱的 Cosmo Girl 们，我们应该追求五星级的生活，我也一直在时尚杂志里宣扬这一点，这一点儿都不可耻，谁也没有权利指责我们；不过我们也要知道，等级不是一切，这个世界上还有能看到 500 万颗星星的地方。

那里才是灵魂真正 Shine 的地方！

Interdependent

“你平时工作那么忙，出差那么多，上有老下有小，怎么还一天到晚老想着旅游啊玩啊？还居然时不时真的独自出去旅行？你这种女人真少见！”那天一个好友很严肃地质问我。我狡黠地冲她一笑，说了一个特大的词：I have a dream！（我有一个梦想！）

对，就像马丁·路德·金那句著名的宣言一样，我有一个梦想！我的梦想不像他当年的梦想那么伟大、那么振聋发聩，只是我对于个人生活的一个小小的梦想，但我知道它真实地存在着，每天都萦绕在我的心头，从未停止，这个梦想就是——我要走遍世界！

这梦想应该因为我工作忙而懈怠吗？

应该因为我为人妻为人母而放弃吗？

我的答案是：绝不！

因了这个梦想，偶尔在工作下午茶的时候，我会忙里偷闲惬意地开个小差神游一番，于是觉得辛苦工作有了意义；因了这个梦想，我带动不怎么爱玩的老公一起玩，给他打开了一个旅行的天地；因了这个梦想，我常常跟儿子分享外面世界的奇闻趣事，并告诉他要勇敢追求自己的梦想；最重要的是，因了这个梦想，我感受到“自我”真实的存在——我不只是老板、妻子、母亲，我是一个拥有我的梦的“我自己”！

你也太独了吧？还总在杂志上鼓吹女人独立，过于独立难道不是一种自私吗？你们经常在杂志上策划专题《单女解独方案》《告别剩女思维》什么的，又鼓励女人“独立”又告诉大家要“解独”，这不是自相矛盾吗？

曾经看一本心理学书在阐述爱情时对“独”的一种解释：一段成熟、称得上真爱的恋情必须经过四个阶段：Codependent（共存）、Counterdependent（反依赖）、Independent（独立）、Interdependent（共生）。阶段之间转换所需的时间不一定，因人而异，但是大部分人通不过第二或第三阶段而选择分手，这是非常可惜的！

看到这段话时我在想：也许这种描述不应该单指爱情吧？任何一段关系，无论爱情友情还是我们跟自己的关系，难道不都是经过这种路径吗？人像豪猪一样，需要靠近彼此取暖，但刺又会刺伤对方。所以最理想的关系应该不是 Codependent（彼此依附，丧失独立），或走向完全的 Counterdependent 或 Independent（完全独立，关系破裂），而是 Interdependent——彼此独立，而又彼此支撑！

拥有独立，不是让我们成为一个孤家寡人；

拥有独立，同样不是给自己贴上各种标签而忘了自我；

拥有独立，是让自己获得失去依赖仍然能够生存的力量；

拥有独立，是让自己更有能力去给别人能量；

…………

曾经听一个女友讲过在印度旅行的故事。辞掉工作、与老公离婚的她问一位修行者：我们所爱的都会离我们而去，如何还能够快乐？修行者说：做到“不依赖”你就会快乐！比如，我们面前放着一个相机，对方可能会拿走它，但他拿不走你拥有相机的愿望！

所以，我一直这样寄语自己：

无论在什么样的关系里，都要做一个 Interdependent 的人！

永远不要忘了我有权利——Have a dream！

不孤独的人是可耻的

每年的团队 Outing（旅行）都是辛苦工作了一年的 COSMO 人最盼望的一件事！刚刚结束的 COSMO 团队阿联酋之旅就是一次让人难忘的旅行：不是因为购物天堂迪拜，不是因为一座座世界第一高度的摩天大楼，不是因为举世闻名的帆船酒店，而是因为一个孤零零矗立在沙漠岛上的酒店——ANANTARA（安纳塔拉）。

经过五个小时的汽车、二十分钟的船辗转来到阿布扎比沙漠岛，再坐二十分钟的大客车才来到岛上唯一的酒店 ANANTARA。当我们的车徐徐驶进酒店入口时，我看着面前典型度假酒店的建筑完全没有感觉。及至入住酒店，也不过仍然是典型的度假房型设计、SPA、游泳池、海滩……对于我们这些因为做生活方式杂志经常或品牌邀请或自己度假频繁接触好酒店的 COSMO 编辑来说（虽然有点嘚瑟但确是实情），实在觉得没啥稀奇的，甚至还有点不屑：不过如此嘛。

真正找到感觉是在当天晚上。在酒店用完餐散步到酒店门口，出了酒店大门，突然发现外面全然是茫茫荒野，中间一条笔直的大路，没有任何路灯设施，一眼望去全是平的，天空就像一个圆圆的锅盖扣在头顶。皎洁的月光洒满了大地，照得通亮。我在路上散步，走了将近两个小时，周围空无一人，那感觉真仿佛行走在天地之间，寂静得连风声都能听见。远远望去，右边不远处有三个晃动的黑影似乎跟着我，定睛一看，可能是小羚羊。

此时此刻，我才体会到这个沙漠岛酒店的独特魅力——没人！

第二天我们租了几辆自行车在沙漠岛周围骑行，同样是骑了一个小时几乎见不到人，一边是白色的沙漠，一边是波斯湾蓝绿色的海水，那感觉就跟这个岛被我们包下来了一样。

曾经看一本介绍世界上最安静酒店的书《寂静的旅店》，也一直以来不太理解为什么很多欧洲人专门找偏僻无人的酒店度假。说实话，喜欢热闹喜欢扎堆的大部分国人是很难静得下来的，包括我在内。记得那年在挪威坐了五天游轮，上上下下把游轮里能玩的能吃的都试了一遍后，有点闲得发慌。而周围的老外们都很悠哉，有的捧一本书在游泳池边晒太阳，有的戴着耳机在露台闭目听音乐，有的坐在甲板上望着大海发呆……那一刻，我突然发现，能够享受孤独，享受安静，享受与自己相处是多么奢侈的一件事！

当然，我从不觉得我们热爱热闹有什么错，很多时候我们需要分享，需要共处的欢乐。可是另一方面，我们是不是越来越丧失了一个人静静面对自己的能力？在单位与同事共事，在家与家人谈天，在外与朋友聚会，即使一个人待着也是上网、看电视——我们仍然关注的是别人的生活！我们所有的兴奋点都是向外发散的，我们有多少时间静静地与自己相处呢？

记得在《时尚·COSMO》举办过的一次“女性成就梦想”沙龙上，金韵蓉老师做了一个非常精彩的演讲《人生最重要的一堂课——爱上你自己》。她在演讲时说的一段话我至今难忘："我们女人非常'爱自己'，做美容、做SPA、SHOPPING、旅游……但是'爱自己'与'爱上自己'是不一样的！'爱自己'是一个动作，'爱上自己'是一种结果。'爱上自己'是指你非常喜欢你自己，愿意静静地与自己待在一起，倾听自己的声音。有人与你相伴，你能和他跳一段精彩的双人舞，没有这个人在身边，你也能优雅地独舞！"

听过这样一个故事吗？一个国王在森林湖边遇到个美女，决定娶为王后，美女答应了，但提了一个条件，每天给我一小时，我要一个人回到森林里。二十年过去了，已是几个孩子妈妈的王后依然美丽。国王很纳闷儿：莫非我真的娶了个仙女？她为什么每天独自回到森林里？她去干什么呢？于是他二十年后打破誓言尾随王后来到森林里。他看到，王后在湖边脱下所有的衣服，然后就一个人静静地坐在湖边，看着湖水、草地、大自然，一个小时后穿上衣服走出森林。原来这就是王后保持美丽的秘密——每天给自己一个小时，与自然毗邻，与自己为伴。

所以，我会永远记得阿布扎比那个无人岛屿的夜晚。当我一个人走在月空下，我遇到了这个岛上唯一的人——我自己！

从玉女到欲女

曾有人这样定义时尚杂志：时尚杂志就是研究人的欲望与虚荣心的杂志。

你同意吗？反正作为主编的我乍一听到这句话真心有点不满意：《时尚·COSMO》这么一本关注女性成长、解读女性心灵的杂志，怎么能被定义成一个充满了欲望与虚荣心的欲女范儿杂志呢？尤其我又自认为是个公认的“知性”女主编，真不甘心堕落成“欲女派掌门人”，一世英名毁于一旦啊！

不过，可能，早已经，毁了！

看看我们杂志，充满了各种大牌时装、名牌化妆品自不必说了，我们还经常策划各种“欲女专辑”：我要加薪、我要社交、我要礼物……

哎，我是怎么从“玉女”（单指清纯，不特指外貌）一步步堕落成“欲女”的呢？

入时尚杂志社是踏入“欲女”不归路的第一步吧！上学时从来不觉得自己与奢侈品有关，鄙视一切追逐名牌的人。可心底里有一个欲望却真实地存在着：希望不是大美女的自己更会打扮更有气质更漂亮！而《时尚》杂志无疑让我实现了这个美梦：时尚杂志解读了大牌的背后原来有那么多搭配技巧可以学！原来买对穿对有那么多的学问！当我从心底体会自己越来越漂亮的感觉是那么美好——我决心朝着欲女的道路继续走下去！

在《时尚》杂志做了五六年，突然有一个内部工作晋升的机会降临在我面前。要不要去争取呢？有点小清高的我一直是个从来不跟老板提要求、主动去争取机会的人，还是等着老板找我谈吧。不过我真真实实听到了自己心底的欲望：我想去争取而且相信自己能够胜任。鼓了好几次勇气之后，我去找老板谈了，而且最终得到了那个职位。那一次的经历让我深刻认识到：虽然职场不完全是俗语说的“会哭的孩子有奶吃”，但机会绝对属于有能力同时也知道在适当时候为自己争取的人！

还有一个深刻的体会是关于礼物。我从小就被父母教育“拿人家手短”，被书本教育“无欲则刚”，所以和男人打交道也一副独立女性范儿：抢着埋单，经济自主。什么找男人要礼物之类的想法从来没出现在我的意识里……不过，我知道自己内心的小欲望其实一点儿都不像看上去那么洒脱：在我生日时男朋友不送我礼物我很不开心，我想知道怎么暗示，怎么要礼物让男人更爱你……当我把自己的纠结跟一个哥们儿说起时，他一语点醒了我：你这就对了！一个永远不要礼物的女人一点儿都不可爱。男人都希望被需要，希望体会到给予的快乐。但关键是怎么要：什么时间，什么地点，要什么，怎么要……

欲望无止境，欲女绝对是一条不归路：

我要了解男人——我不能天天拿“执子之手，与子偕老”的爱情誓言给自己造梦。

我要了解性——哈，这可是 COSMO 的长项，一个热爱自己的身体、懂得享受性爱的女人，比谈性色变的女人更容易体会到性的美好。

我要学会社交——比如，在酒吧如何点一杯最符合“我”的酒而不是烂俗的长岛冰茶。

……

在一步步向欲女堕落的过程中，我非但没有觉得羞耻，反而因为可以坦承自己真实的欲望而觉得更加自在起来。Why not ?！欲望和一点点虚荣心恰恰是我们存在的理由吧。年纪越轻我们越容易逃避它、压抑它，给它扣上各种道德的帽子，然后我们慢慢地长大了，开始面对欲望，与它对话，这些欲望也随着我们心灵的舒展而释放开来……

当然，欲女修炼的最高境界是懂得把玩欲望：正视自己的欲望，同时又不被欲望控制！我不认为欲望是阿拉丁神灯里的魔鬼，只有“收”和“放”两种极端选择，我觉得“欲望”某种意义上更像“时尚”，介于天使与魔鬼之间：漠视它你就会拧巴自我，追逐它你就会欲壑难填，唯有一个办法——用你的智慧掌控它！

快乐就像糖，只是人生的一种味道！

为了更好地了解读者对杂志的阅读需求，尤其是年轻女孩的阅读需求，我们《时尚·COSMO》作了一个小范围的读者调查，请来了很多二十五岁左右的年轻女孩，想知道这一代年轻人在想些什么，如她们的生活观、爱情观、消费观、兴趣爱好等。

座谈会上调查公司问了很多问题，其中一个在我看来有点空泛，但可能是杂志调查公司的标准问题：你理解的好生活是什么样子的？这些年轻女孩的回答是：不用为钱奔忙，衣食无忧；工作好，挣钱多，不加班；能够为兴趣工作，如开一个自己的小咖啡店；可以经常去旅游；想干什么就干什么……

众位编辑听完回答也觉得问题太大太空，没有得到实质性反馈，但同时又惊喜地发现：我们跟她们完全没有代沟啊，我们向往的好生活跟她们一样一样的啊！尤其是“开咖啡店”这一项，简直是每个女孩都做过的浪漫小资梦吧。我们由此得出结论：大家眼里的好生活都差不多。

可，真要每一天都过这样的生活才会觉得是好生活吗？也许吧，反正我到现在还没有过上，每一天的生活都是酸甜苦辣咸各种滋味。不过，我倒一直相信，这才是真正的好生活，五味杂陈才是生活的本质。丰富，才快乐。如果你的人生只有一种味道，未免太单调了些。

比如爱情，我最讨厌的歌词就是什么“不爱那么多，只爱一点点”，什么“爱得越深伤得越重”之类的。什么叫受伤？不就是茶饭不思、辗转反侧、撕心裂肺、心如刀绞吗？恭喜你，这是多棒的爱情感受啊！比没人爱强多了。那颗心，你不让它有 feel，留一块不受伤的死肉有什么用啊？

也许你会说，我宁可要单调的快乐，也不要五味杂陈，万一苦味太多了怎么办？所以，很多女孩子一直奉“安全感”为人生第一要义：不敢不听父母的话，害怕承担选错的后果；不敢在职场上挑战自己，怕女人太强了没人要；找老公更要找有安全感的，因为怕失去怕被欺骗……

这些想法没错，每一个年轻女孩都经历过这种阶段，只是一路走来，我越来越发现，“安全感”真的是自己给自己的！当初眼里有安全感的老公未必不会背叛你，按照父母意愿选择的工作可能让你度日如年，职场不挑战自己的后果就是被年轻人轻易替代……而相反，那些不断挑战自己的舒适圈、敢于吃苦的女孩，反而因为成就了自己而找到了真正的安全感。

“我如何才能拥有精彩的生活？”经常有年轻女孩给 COSMO 发来这样的 E-mail。

其实，答案很简单，精彩就是不一样，要想不一样，就要敢于尝试，跳出自己的舒适圈，给人生各种可能。尝试了就能过上精彩的生活吗？哈，还真不一定，可能很苦，可能很累，可能努力了半天也达不到想要的目标……不过，过程的精彩不正是人生的意义吗？从来没有任何你所羡慕的精彩人生是白白来的。如果你永远不给自己的人生任何可能性，不能承担任何选择带来的后果，那还是不要奢望什么精彩的人生了。

好生活是什么？

我的答案是：快乐就像糖，只是人生的一种味道。

你必须打败斯芬克斯！

“斯芬克斯？斯芬克斯之谜的那个斯芬克斯？”

“那个老掉牙的哲学命题——认识你自己？”

“你在时尚杂志上跟我们讨论哲学问题?！这也太不时尚了吧?”

…………

如果我的这个标题招致读者的一片板砖，我一点儿都不惊讶。说实话，我自己都觉得自己挺矫情的——如此深刻，如此文艺，如此——招人烦！哈哈。

好吧，在聊哲学之前，先来点八卦吧！关于我本人的。

熟悉我的朋友都知道，乍一接触，我给人的感觉似乎是一个有点深度的大主编，了解之后才发现不过是个有点神道有点二的文艺女青年。我喜欢一切有关星座、血型、属相、八字、塔罗、紫微之类的怪力乱神的玩意儿，东西方不忌，古代现代通吃。各种饭局上我都被视为星座咨询师，听说谁认识大师总是千方百计求引荐。更曾经为网上“手机号测试命运”得分高兴奋了许久并从此发誓终身不换手机号。我的“法力”段位说实话属于一瓶子不满、半瓶子晃荡的水平。但热爱绝对是发自内心的，就算被人鄙视也在所不惜！

刚接触时纯粹为了好玩，为了增加谈资，而且当时刚踏入社会，对前途充满不确定感，有个有规律的准则、大法之类的或保驾护航或给个解释总归是好的。但接触下来，发现有些东西也不纯粹是怪力乱神，如星座。都说星座是了解自我性格的途径，我上大学时曾经内心总有一些解不开的心结——我为什么那么善变，我为什么不那么外向活泼，我为什么常常会忧郁……后来都在自己的星盘上得到了解释。我以前关于自己的性格总爱问“为什么”，通过星座我知道了自己“是什么”，慢慢地也不再像上学时那么羡慕别人、拧巴自我了。

也许，从“为什么”到“是什么”是每一个人心灵成长的真实写照吧——了解自己，与自己讲和！那么问题来了：星座、血型、属相、八字、塔罗、紫微……这些规律性的东西能完全帮助我们了解自己吗？还有什么其他途径吗？了解自己真的很重要吗（看看，我压抑不住的哲学深度又显现了吧）？

我曾经采访过性格色彩学的传播者乐嘉。性格色彩学理论把人的性格分成红、黄、蓝、绿四种，通过四种色彩的显性隐性特征让我们了解自己了解他人。采访前，我咨询了很多心理咨询师对性格色彩学的看法：这种分法是不是太简单了？得到的回答不一，但大家一致的结论是：它提供了了解自我性格的一种方法，而了解自我是非常重要的！

说实话，我以前觉得只有心理学家、哲学家才需要研究诸如“我是谁”之类的哲学问题，我们普罗大众为什么要费劲地了解、分析自己的性格，思考“我是谁”之类的难题呀？虽然我也借助星座等各种工具分析自己，但真心是以娱乐为主，从来没把“了解自我”这个话题真正当回事。而当我做了十几年《时尚·COSMO》这本以探究女性关系（与男人、与职业、与朋友、与性、与自我）见长的杂志的过程中，我终于发现：一切纠缠我们一生的问题，最终的答案都在于——了解你自己！

好男人在哪里？——别问别人，问自己：对你来说，男人什么样的“好”是你眼中的“好”？

什么职业适合我？——你了解自己的性格和长处吗？你的天分在哪里？

要不要一夜情？——别管别人，你自己是能把性与爱分开的人吗？

如何获得幸福？——你对幸福的定义是什么？……

不管是借助各种怪力乱神的辅助，还是科学的心理学分析工具，了解自我都是你终其一生躲也躲不开、必须面对的课题！而现在的我们之所以越来越混乱，越来越幸福感缺失，是因为我们每天忙于了解各种事情，却从来不了解这个世界上你最需要了解的人——你自己。

作为一个资深算命爱好者，我能够分享给你的秘密是：星座、血型、属相、八字、塔罗、紫微……所有这些都不过是快餐方案，千万别把快餐当主食，把自己往规律里套。这个世界纵有千条万条规律，具体到你这个独特的生命个体，一切的答案都得你自己去找！

斯芬克斯之谜从来都不是哲学问题，终其一生，它都会站在你的面前！

而你，必须打败它！

破除粉色威胁！

先分享个我今年过生日的趣事吧。那天早上，生日无惊喜无波澜的我百无聊赖之际一大早发了微博：你是不是跟我一样，无论多大，每次生日，都私心盼着收到啥秘密暗恋者的惊喜神秘礼物，后来发现收到的都是国航知音卡、招商银行卡、美容院、保险公司、公关公司和客户的温馨祝福和鲜花，这应该也算是一种幸福吧?!

没想到此微博引来很多反馈：各路朋友同事的短信微信生日祝福，客户的鲜花蛋糕等各种生日贺礼，无数陌生粉丝发来的问候……说实话，生平头一次把自己的私事曝光，心情很复杂。以前从没有也很不屑天天在“围脖”上发布自己生病啊生日啊啥的，自己发完这微博也纠结了半天：是不是有求安慰求礼物求拍马屁之嫌啊？人家被迫知道你生日了能装作不知道吗？别的同事祝贺你生日快乐了其他人好意思不祝贺吗？……

不过有一点感受是实实在在的：因了这次表达，我发自内心地收获了很多很多快乐！那天过得很开心！

私下跟一个朋友讲自己的纠结的时候，她笑我说：你这种人就是强势惯了，而且以前肯定是好学生，脑子里有各种行为定式——什么应该做什么不应该做，但，偶尔突破一下规则，给别人一个表达的机会会死吗？快乐不就得了？

记得看过一本书，里面说：自信有时候意味着一种自由的表达！一支口红一双高跟鞋是一种表达，一条短信一条微博也是一种表达，我们的整个人生就是一种表达。但可能从小很多中国女孩受的教育太严肃太“好女孩”风格了，我们被教育得很内敛，缺乏表达这一项！我们的内心有很多枷锁，我们会回避那些自己内心的真实欲望，更不知道如何表达。我们从小听的童话故事里的女主人公无论是白雪公主还是灰姑娘都是被动型的，不是被施了魔法就是被王子拯救，很少有教女孩如何表达自我、争取自由的。

曾经看有学者分析迪士尼文化：沃特·迪士尼做了巨大的努力把暴力从童话中剔除出去，以至于童话学者杰克·塞普斯（Jack Zipes）把他叫作“20世纪的保洁员”。但是这些洁本背后的说教依然是成问题的，小红帽仅仅因为好奇想去森林里采野花就招来了大灰狼，灰姑娘一味地哭和被动地等待，终于等来了好的结果！这些对于小姑娘的成长而言都是“粉色威胁”。

哈，“粉色威胁”，说得好！还记得电影《黑天鹅》里那个乖乖女吗？出身舞蹈世家家教极严的妮娜被支配欲强的母亲管教得完全成了一个乖乖女，虽然她总时不时发现自己内心深处潜藏着另一个叛逆的自我。被推上首席领舞的她发现自己演高尚纯洁的白天鹅游刃有余，但演狡诈放荡的黑天鹅却总也无法驾驭。艺术总监托马斯开启妮娜说：“你想要完美？完美不总是意味着Control（自我控制），完美有时候也意味着Let it go（放手）！”终于，在经历了嗑药、与陌生男子交欢、同性之爱、叛母等各种或幻象或真实的经历之后，原先那个纯洁的白天鹅身体里已然流淌着反抗魅惑而又邪恶的黑天鹅的血液。当结尾处白天鹅敢于拿起镜片面对黑天鹅时，拥有了黑天鹅强大的精神力量与叛逆的勇敢的白天鹅终于感受到了什么叫“完美”。

我不认为这是一部惊悚悬疑片，更愿意把它看成一部讲述好女孩破除“粉色威胁”的心灵成长片！Let it go 是一种表达——敢于自由地承认、表达自己内心的欲望是女人走向成熟的重要一步！

完美不总是意味着 Control，完美有时候也意味着 Let it go！

把最好的留给自己

2012年8月纪念刊做完之后，团队迎来了期盼已久的Outing，我们一起来到了日本北海道。北海道被称为日本的冰箱——因为这里是全日本天然品质最好的各种农作物、海鲜和蔬菜的产区。我们在这里品尝到了颗粒饱满米香浓郁的北海道大米，超级新鲜的海鲜，又甜又软的哈密瓜等时令水果……尤其在拼布之路上的小镇美瑛，一种可以像水果一样生吃的白玉米实在让编辑部女孩大爱，纷纷问导游："可以回程在札幌买到带回去吗？"导游说："这种白玉米只能在这个地方买到。日本有一个特色，就是永远把最好的留给自己。一个地区是这样，一个国家也是这样。日本最贵的永远是日本产的东西，而且日本的很多好东西，如日本大米都是不出口的……"

哈，把最好的留给自己？这完全与中国相反嘛，中国最好的东西全部出口了。几年前很多人还为在国外买到Made in China的东西纠结，现在已经越来越释然了：因为即使Made in China的东西，在国内也是买不到的。

有人说，这是因为中国穷，穷人自然没有权利选择。我不否认这是原因之一，但我认为更深层次是一种文化和思维方式的差异。日本是一个文化很具有独特性的国家，但在人际关系和思维方式上又很接近欧美。日本人从小到老都很追求个体的独立性，父母不会对小孩娇生惯养，十八岁之后更是让孩子自己独立生活；日本父母也不会让孩子给自己养老送终，他们去全世界各地旅游，自己安排自己的生活……“不给别人添麻烦”是日本人的人际特色，“把最好的留给自己”也是这种人际关系下的产物吧。

如果搁在以前，我一定习惯性地把这种思想否定为：自私、资本主义制度的冷漠、没有人情味……但这一次，我倒是从反面想了想：这种思维方式有没有值得我们学习的地方呢？

中国伦理是一个彼此依附的人际关系网，讲究奉献讲究牺牲，表面上很有人情味，但个体的独立性、个体生命的自我实现很大程度上被忽视了。过多的纠缠、过分的依赖、过度的奉献，让每一个个体的自我发展都背上了沉重的心理压力。尤其是处于这种伦理链条核心的中国女人，如果我们要实现自我，要让自己的生命更加精彩，真的需要一点儿“把最好的留给自己”的自私精神！

比如，一个来自农村现在北京工作的女孩给我写信说：“我现在每月要挣钱养全家，包括一个游手好闲的弟弟，父母似乎认为弟弟不工作我来养他很正常……”我对她说：“你弟弟的人生必须由他自己负责，已经成年的他没有权利让你背负他的生活！”

再如，中国女孩交了男朋友后，最自然的思维是一切以他为中心，帮他洗衣服做饭照顾他的生活，让他感受到女人的温暖。听听我一个男死党是怎么说的吧：“我很感激也很受用，但我更需要的是一个充满魅力的女朋友而不是一个保姆。当然，我需要的话可以到外面去找……”

所以亲爱的好女孩们，只是适时地做一些家务吧。非常喜欢韩国两性情感专家南仁淑在《二十几岁，决定女人的一生》中的建议：年轻女孩要有“一双公主的手和一双侍女的脚”——你的双手要保护得像公主的手一样细嫩，但是双脚却要像侍女一样勤快，为自己的人生寻找出路。我也相信“对自己比对男人好”是恋爱中的女人必须谨记的原则，事实也证明，一个不失去自我的女人更容易赢得男人的爱！

告诉你们一个秘密，即使我做了母亲，我也奉行“最好的留给自己”的原则：我有我的人生，儿子有儿子的人生，我会照顾他、爱他，包括适度地牺牲和奉献，但尽力就好，我永远不会以牺牲我的人生为代价过度付出。如为了他能够上一个好学校举家搬迁，如像现在的父母那样为了将来给他结婚买房子省吃俭用……我人生的梦想要靠我自己去实现，和子女只是一段缘分而已！

哈，我在把中国女人都教唆成自私的女人吗？不过有一点我一直坚信：把自己爱好了才能更好地爱别人。都说自信的女人最美，但到底什么是自信心？自信是“自我尊重感”的缩略词，尊重自己并为自己而自豪的心情就是自信心！如果你的自信是建立在父母的权势、嫁一个好老公、子女出人头地上，这并不是真正的自信，随时可能因为外在条件的丧失而崩塌！

所以，把最好的留给自己吧！这样你才能成为更好的自己，然后去给予别人！

永不沧桑

2009年10月14日，台湾享乐生活玩家叶怡兰做客我主持的“COSMO女性读书沙龙”。谈到享受生活这个话题时，席间一位读者发问：“我们生活那么忙，哪里有心情有时间去享受生活呢？”叶怡兰说：“不会啊，可能是我比较滥情，我一天到晚都在感动（笑）。我从来没有在秋天来过北京，从没有看过北京天空这么蓝。这次来北京走过三里屯看到很多树，阳光透过树照到车子里面，整个车里都是影子在动，那一刻我好感动好享受……”

永远难忘叶怡兰说这话时，本来安静斯文的她脸上跳跃出的活泼的表情，和眼里不断闪动着的欢欣的光芒，你突然发觉这个女人好美，那是一种生动的美，一种闪耀着天真、敏感、丰富、充满好奇心的永不沧桑的美。

对，永不沧桑！

年少时的我很喜欢“沧桑”这两个字，觉得听上去有一种岁月的痕迹；读诗词也喜欢类似“曾经沧海难为水，除却巫山不是云”这样的词句，仿佛有一种穿越时空的历史感；本来青春大把却偏偏喜欢为赋新词强说愁，喝点小酒，抽点小烟，说几句感慨人生的话，非得给自己加点沧桑之美，如此才觉得有了女人的味道……

更曾经觉得沧桑是一种境界，沉默寡言、心静如水——多有范儿啊！冷嘲热讽、玩世不恭——多酷啊……每当听到那些把“看破红尘”之类的话挂在嘴边的女人，都不免对她们的深刻心生崇敬，为自己还在红尘打滚，还爱生活、爱工作、爱男人而心里觉得自己特肤浅……

随后，肤浅的我就这样在红尘里慢慢长大了，而且一直到今天也没有深刻沧桑起来，不过，我倒是很深刻地认识到了一个道理——其实沧桑很容易，不沧桑很难！

不沧桑需要一种智慧的天真。愚蠢的天真是装小孩，永远不让自己长大以逃避这个世界的苦难，但屡屡碰壁的她们常常会越来越对这个世界失望；智慧的天真是让自己成长，让自己在苦难里历练，因为拥有智慧而能包容、相信和热爱，那颗心反而更有一种蓬勃的生命力。

不沧桑需要直面人生的勇气。现实生活里常常听到失过一两回恋的女人说：再也不相信男人、不相信爱情了，为什么我会这么傻，爱上这样的男人？

哈哈，一两个男人 = 全体男人？一两次恋爱 = 爱情？因为爱的结局就否定爱的过程？拜托，我更欣赏那些在感情路上一路碰壁却仍然相信爱、爱男人的女人，不是因为她们没受过伤，不是因为她们更懂爱情，而是因为她们还有前行的勇气——当一个女人丧失了爱的勇气，她才真正开始衰老。

不沧桑更需要不断扩充自己的内涵，让它变得有质感有厚度，如此女人的美才有一份生动，有一种神采。

前段时间和我们杂志的专栏作家金韵蓉老师一起为她的新

书《女人 30+》在腾讯做访谈。主持人问：“对你们一生影响最大的女人是谁？”金老师说：“是我在英国的一位老师，她今年已经九十三岁了，但她永远那么优雅。每次开会我们上台前，她都会对我说，Tammy，让我们挺胸抬头，收紧臀部，想象自己是一只天鹅。”听她说完真的好想见见这么酷的老太太。

而让我回答这个问题好难，做《时尚·COSMO》这么多年，我最大的收获就是采访了那么多优秀的女性，她们的故事一直照亮着我自己的人生和我所从事的事业——你们手中的杂志。那么就让我引用《在陌生的世界里发现新的自己》专辑中朱丽叶·比诺什的一段话作为其中的一个回答吧！已经囊括包括奥斯卡小金人在内所有电影奖项的她在四十六岁的时候开始挑战舞蹈领域，在全世界巡回演出 200 场舞蹈《我之深处》。当 COSMO 编辑问她为什么这么做时，她的回答非常精彩：“我愿意把女人的一生想象成一支蜡烛，我们常常关注的是蜡烛外表最美的那段时间，比例最美，姿态最美，但我认为其实更重要的是上面的火焰，无论下面烧成什么样子，上面的火苗应该一直灿烂！”

对，无论下面烧成什么样子，永远灿烂，永远保持自己的光芒和热度——这就是女人永不沧桑的秘密吧！

徐巍

廖一梅

人应该有力量，揪着自己的头发把自己从泥地里拔出来！

◦ 站在我面前的是一个瘦小、留着红色刘海，看上去很文艺的女人，一如惯常她给人的印象——才女编剧、文艺女青年。然而在她看上去瘦弱的身躯下，尤其当她开始讲话，你会隐隐感觉到一股力量——一个语言像刀锋一样锐利的女人，一个敢于和世俗生活冲撞的女人。她说："不管世界给没给你机会，我相信人都可以坚持为自己为他人创造自由的生活。我坚信，人应该有力量，揪着自己的头发把自己从泥地里拔出来。"

◦ 她就是话剧《恋爱的犀牛》《琥珀》《柔软》的编剧——廖一梅。

（摄影：杨琛）

廖一梅

剧作家，作家。她是中国当代最具影响力的剧作家，1992 年毕业于中央戏剧学院戏剧文学系。1999 年创作话剧《恋爱的犀牛》，成为戏剧史上的奇迹，十几年长演不衰。她的每部作品都令人印象深刻，堪称当代戏剧的经典。戏剧作品：《恋爱的犀牛》（1999 年）、《琥珀》（2005 年）、《柔软》（2010 年）、《艳遇》（2007 年）、《魔山》（2006 年）。电影作品：《像鸡毛一样飞》（2002 年）、《生死劫》（2004 年）、《一曲柔情》（2001 年）等。小说：《悲观主义的花朵》（2003 年）。语录集：《像我这样笨拙地生活》（2011 年）。

徐巍：我在微博里跟读者说我要采访廖一梅，向她们征集问题，第一个读者问题就是——女人聪明到底好不好？因为写了很多话剧的你在大家眼中是一个才女，而世俗有一个说法：女人太聪明了不好。

廖一梅：我现在特别怕接受采访，就是每个人在问出一个问题的时候，首先都有一个自己的概念，他们希望我说出一句特别简单明了能够作为标题的话，但世界上的任何事情都没有这种可能性，没有几句话就能谈论的标准答案。能指导你生活的对你生命有意义的，是不可能用几句话来谈、来概括的。我就不理解这句话——女人聪明到底好不好？我当然不想成为一个弱智或者笨蛋，其他人应该也都是这么希望的。“聪明”这个词对提问者来说是一个固定概念，但把一样东西当成一个概念来谈是一件特别可怕的事。

徐巍：对，首先什么是“聪明”，其实大家的定义都不一样。

廖一梅：我在《柔软》里说过，我不再使用“爱”这个词，因为“爱”是一个被使用得太多的字，每个人都谈论“爱”，但是其实南辕北辙，说的这“爱”根本就不是一个意思。“聪明”也是这样。你能举出一万个例子来说明女人聪明是好的，你也可以举出一万个例子来说明女人聪明是不好的。我们不能用好或不好这种二元对立的方式来谈论。

徐巍：二元对立是很多年轻女孩最爱用的提问方式，如要爱情还是要面包？要嫁你爱的人还是爱你的人？我们之所以总是喜欢用一些二元对立的概念来定义某些问题，其实是想找到一个很捷径的答案，一个不用动脑子的答案。

廖一梅：我觉得任何一种品质都是一把双刃剑。比如，人聪明，它会引导你感触丰富，让你很敏锐，但是它也让你感受到更多的痛苦。当然笨人有笨人的痛苦，那是愚钝的痛苦。我们也不能说因为害怕痛苦所以就不愿意聪明。任何一种品质都是一个引导人不断地发现自己，挖掘自己的过程，都是一个路径。迟钝的人会撞得头破血流，聪明的人也一样会撞得头破血流，关键是你能从中学到什么，你怎么看待这件事情，它可以把你引进深渊也可以把你带到天堂。所以品质本身无所谓好坏，是你怎么运用它、怎么对待它的问题。

徐巍：在中国话剧的初始阶段，你能辞职去写戏剧，在当时很多人看来一定不是个“聪明”的选择。

廖一梅：是。我大学毕业后在一个出版社上班，非常清闲，一个星期去两次，有的时候就去一次，也没有什么束缚，但是那儿整个的氛围对我来说就是巨大的束缚。我看到周围的人真的是在蝇营狗苟地生活，在为那些个对你来说微不足道的小利争夺。一开始我觉得很可笑，但是如果我在里面待很长的时间，我可能就会和他们一样地计较这些事儿，同样地认为眼前这些芝麻大的小事儿大得像天一样，因为他们的眼睛就固定在一个地方了。对很多人来说离开那个单位可能是一个愚蠢的选择，因为那是一个正式工作，也没人妨碍你什么，但对我来说那就是最差的生活。我喜欢自由的环境，即便它是不安的没有保障的，但你会认为这世界是很大的，你的心是自由的，你是有无限的可能性的，我觉得那才是一个好的生活。

徐巍：你当时会想到有今天的成功吗？

廖一梅：凡是有策划的和有预见性的成功都不会是大的成功，一件事但凡有算计在里面，它就不会成为奇迹。

徐巍：记得你说过，奇迹是不会在容易的道路上绽放的，未知证明你的勇气，成就你的自信！

廖一梅：也不知道为什么，Say No 对我一直是容易的事。我是一个很有胆量对任何事情说“不”的人。我觉得因为这个，所以这个世界打不倒我，我可以对任何别人要的东西说“不”，我对自己比较狠。

徐巍：我特别喜欢你写过的一篇文章《像我这样笨拙地生活》，里面有一句话我印象特深：人应该有力量，揪着自己的头发把自己从泥地里拔出来。

廖一梅： 勇气这件事对人真的是第一重要的，超越于其他。一个很聪明的人，如果他永远被各种东西束缚着，缠住了手脚，那他等于不聪明，这与他有见识有能力毫不相干。人应该具备的第一个能力就是勇敢。你说我年轻时就非常勇敢？其实我也会胆怯，也会不安，这个不安一直是我心里的问题，不安感是永远存在的，而且我认为每个人心里都会有，就看你怎么对待这个不安。我对待不安的方式是打量它，面对它，学习和它友好相处的方式，和它交谈，而不是掩盖、躲避。

徐巍： 你从小就是这样的吗？

廖一梅： 我记得特别清楚，小时候我们家住在舞蹈学院。舞蹈学院有很多大教室、练功房，院子里的小孩儿都会跑到那些大教室里玩。当时有一个比我大一岁的女孩儿是孩子头儿，成天带着我们到处玩，我是一直跟在后面的。当时我就有一个强烈的意识，我为什么要跟着她？我其实可以选择我想去的地方。我没有勇气甩掉她们自己去玩，但是我有这个意识。这种追问是我从小就有的，其实这是特别折磨人的。我觉得我后来写东西，包括写话剧写小说，其实都是源于我年幼时就有的追问，我为什么在这儿？我为什么会存在？我是来做什么的？这一切有何意义？这些追问在所有事情的背后都存在着，你可以漠视它，但是它存在于每时每刻。可能很多人没有这个追问，而我一直有这个追问，我就试图去解答它，就会作出很多非现实的选择。

徐巍：很多女孩都以为那些成功人士是无所畏惧的人，其实不是，他们只是更有勇气尝试的人。

廖一梅：人有时候真的是一种很贱的生物，只能从痛苦中学习，从快乐中人学不到什么东西。仔细想起来，对成长非常重要的时刻都是非常痛苦的时刻，人都是在遭到重创或打击的时候才显示出自己的力量，发掘出自己的能量。永远选择捷径的人绝对是肤浅的人，他只生活在生命表面的那一层。其实靠这种躲闪是没有用的，人不可能有那样的幸运，你躲过了这块石头有可能会被另一块砸中，那还不如勇往直前地往前走。

徐巍：《时尚·COSMO》做过一个话题：看上去最容易的路最难走。

廖一梅：大家都奔着投机取巧去，投机取巧这条路肯定就特别挤呗。

徐巍：你在《像我这样笨拙地生活》里写："一个人要隐藏多少秘密才能够巧妙地度过一生？但是巧妙地度过一生有什么意义呢？不过是一些辗转腾挪的生存技巧，技巧越好就离真相和本质越远。"很多人会认为这观点特别理想主义。

廖一梅：不是理想主义，我的生活就是这样的。对大家来说我选择了一条特艰难的路，但是对我来说那是唯一的路，是更可靠的路。至于你管这叫聪明还是傻，这只是大家对聪明和傻的定义不同而已。所有的人都认为我做的事很笨，因为我做的是一件投入和产出不成比例的事。现在做任何事之前，大家都要分析，有多大成功率？投入产出比合不合适？不合适的事大家不做。

徐巍：你怎么判断一件事值不值得去做呢？

廖一梅：我认为一件事能不能成，能不能成为奇迹，是由能量凝结的，你投入多大的能量，它就会绽放出多美的烟花。你的不可动摇的意志会产生能量，会推动这件事情做成，像是宇宙间的某种力量一样，引导着你走到你想要去的地方。但只要你有算计和怀疑在里面，这个烟花立刻消失，这是一定的。只要在这里面你有任何怀疑啊留后路啊，只要有这些细小的心思，这个能量立刻就被损坏了。

徐巍：今天的好多女孩儿，她们想要精彩的人生但是常常觉得难以梦想成真，是因为她们能量不足还是因为太精于计算呢？

廖一梅：“想过”一个精彩的人生和“要过”一个精彩的人生是两码事。其实她不要，她只是在床上幻想。你全心全意要的东西一定能得到，你没得到因为你只是在幻想，你没有真的想要，没有全力做点什么去争取。在这种情况下，就算那个东西真的放到你的面前，你也不敢拿。

徐巍：“那些能预知的，经过权衡和算计的世俗生活对我毫无吸引力，我要的不是成功，而是看到生命的奇迹”，你写的这些常常被认为“太过理想主义”、太“文艺青年”。“文艺女青年”好像也是大家对你的标准称呼。

廖一梅："文艺女青年"就是不满足于世俗生活的人。人生应该有更自由更宽广的超越于世俗生活的生活，这些人相信有这样的生活，或追寻这样的生活。为什么大家会把它当成贬义词？是因为有的人只是拿出文艺女青年的范儿了，一些世俗女青年装成文艺女青年的打扮了。其实这是一个头脑里的东西，跟她如何打扮，做什么工作，以什么样的方式生活不相干。它是一个人对生活的态度问题。如果你把"文艺女青年"当成一个标签，为的是赢得他人的喜爱，那它就很可笑，任何一件东西成为标签都很可笑。文艺女青年是一种精神气质，它是与世俗生活对立的，起码是超越于世俗生活之上的某种追求某种向往，有这种向往是人特别美好的东西。

徐巍：你觉得这种"文艺"气质在今天这个拜金的时代是越来越少还是越来越多了呢？

廖一梅：我没觉得越来越少，相反是越来越多了，只不过是以什么样的形式出现的问题。这种精神需求，或者说是渴望更自由更美好生活的需求，是永远存在的。人的物质越丰富，物质对人的诱惑力越低。比如，你爱吃什么东西，有一天这屋里都摆满了让你随便吃的时候，你的注意力就不会仅仅在这些吃的上面了。现在正是这个时代，物质充斥着我们，但是当这些东西在你周围变得特别普通特别贱的时候，你会发现它其实并不能给你的生活带来愉悦，并不能使你的生活有什么本质的改变。

徐巍：女人在追求精神世界的时候常常会觉得很灰心：压

力太大了，房子买不起了，高富帅男朋友找不到了，还谈什么精神生活灵魂生活？你觉得怎么做才不会被琐碎的生活淹没呢？

廖一梅：你不想被淹没，就永远都不会被淹没。我坚信一点，你过的生活就是你要的生活，一定是这样的。你如果不想要，你一定有办法改变它！

徐巍：很多人看过你的话剧《柔软》，你觉得在今天的社会，女人还能保有这种柔软的浪漫的活力吗？

廖一梅：这跟时代没有关系，这是人的天性。它是你骨子里的需求，一定会生长的。

徐巍：可是我们女人常常喜欢抱怨，生活压力那么大，还谈什么女人要保持柔软的美好的感觉？

廖一梅：抱怨永远是最可怕的，抱怨没有任何能量，传递不了任何信息，对自己对周围的人对这个世界都是无效的。年纪轻轻就变成一个怨妇的话，太恐怖了！抱怨是一件最吃力不讨好的事，如果你希望好的话，你就永远都不要抱怨。

徐巍：我看《柔软》的时候，我觉得这个戏里还有很多愤怒的东西。也有人用"愤青"来形容你，你觉得你现在还有很多愤怒吗？

廖一梅：此刻坐在你面前的人没有了，但写《柔软》的时候还是有的。这两年对我来说确实是一个很不一样的时期。我原来是不能原谅人类的，尤其在我是一个"愤青"的那个时期，我真的觉得人类太丑恶了，随时在制造一些丑恶的东西。我经过了很长时间的挣扎，最终我采取了和人类握手言和，和自己握手言和。人怀有这种恨意不会改变任何事。爱是一个特别奇怪的东西，我都不太好意思跟人说，这个发现就像是一个老生常谈，但真的是从我身体里发现的。爱这个东西，你伸手去要的时候，你永远不会被满足，永远达不到你的梦想，永远有欠缺，但是你想把爱给出去的时候，突然你就会被爱充满！它是一个特别奇异的东西。你对一个人甚至是一个环境充满了爱的时候，你自己首先就被爱充满了，你去爱别人的时候首先你就拥有爱了。

徐巍：这是你写作《柔软》之后的想法吗？

廖一梅：是在我写《柔软》的过程中。我意识到我原来的愤怒或对人类的不满没有任何意义，对旁人无益，对我自己也没有意义，我的系统应该转换成另外的一个系统了。

徐巍：你的话剧《恋爱的犀牛》《琥珀》《柔软》等，其实都在涉及一个永恒的主题——爱情。关于爱，你曾经说你很欣赏杜拉斯的那句话："爱之于我，不是肌肤之亲，不是一蔬一饭，它是一种不死的欲望，是疲惫生活中的英雄梦想。"你为什么会喜欢这句话呢？

廖一梅：其实对待爱的态度就是你对待这个世界的态度，爱是一把特别锋利的刀，一下就能试出你生命中最隐秘的不为人知的地方，无论是最卑微的还是最高尚的。在爱的面前人是非常容易袒露出自我的，你会很深地发现自己。那个状态是人的极端状态，爱会把人投入一种巅峰状态，你是打开的，人也只有在这个状态里是打开的。爱是上帝给人的特别珍贵的礼物，性爱是唯一一样完全依靠物质但是又超越于物质之上的能达成精神状态的东西，没有其他的人类活动能够如此快速敏捷地完成这件事，而且对每个人都是平等的，无论是爱还是性。

徐巍：你在《柔软》里写“爱是把自己最柔软的部分暴露在外，因为太柔软所以就会有痛楚，但是没有了这种人与人之间的感受，那我们活着又是为了什么呢？通过爱情人们去寻找自己跟世界的关系”。但今天很多女孩子会认为我干吗要裸露自己要受伤呢？我有好工作有房子有车有名牌，世界各地玩儿，我干吗非得找一个男人呢？

廖一梅：她们不想要就算了。爱是天然的，是生命的基本需求，如果她不觉得有需求，你跟她说应该有也没有意义，这只能由她自己去发现。你告诉她应该怎么样，就又成为一个标准了。她可以过她想过的日子，她早晚会跟名牌睡觉睡烦的（笑）。

徐巍：今天很多女孩子是用这些所谓的现实标准把自己给武装起来了。

廖一梅：那是她在没有爱的时候给自己找的种种借口，认为自己可以这样生活。等她真的看见爱的时候，什么标准都崩溃了，爱没有任何标准可言。

徐巍：很多女孩子要找高富帅，她们觉得如果一个男人降低了我的生活品质，我为什么要跟他在一起呢？你怎么看？

廖一梅：她不爱他，就是这么回事。或她没有爱的能力，她不会爱。她说的这一切都跟爱毫不相干，她说的是生活。过日子是过日子，爱是爱，两个完全不是一回事。过日子是条件，甚至是某种节奏，你爱吃这个菜我也爱吃这个菜，你 8 点钟洗脚，我 8 点半洗脚，就是这么一个关系。爱是另一回事。

徐巍：你眼中的爱是什么样的？

廖一梅：爱不用定义，爱不是概念。当你感觉到爱的一瞬间，你所有的毛孔都是打开的，都在笑着，你愿意给予一切，奉献一切，愿意把自己的全部给予别人，你觉得生命特别美好，你希望那个人是幸福的，他走路的背影都会让你感到心跳加快。爱是没法定义的，它是一个血液的流动。

徐巍：你书里写了，爱是上帝给每个人的课题，如果每个人能无性繁殖，自己跟自己好，那就简单了（笑）。

廖一梅：对，因为你和他人建立联系的时候会非常困难，因为每个人都非常独特，合在一起的时候会有各种摩擦，像齿轮一样要不断地打，这时候你就要学习宽容、学习接纳、学习给予。当人是单独的、发生不了这么强烈的冲撞的时候，人就发现不了自己，也不容易做出什么改善。

徐巍：人通过爱其实是打开自己、了解自己、了解他人、了解世界的一个方式，而这个方式是任何其他方式都没有办法代替的。为什么《恋爱的犀牛》到今天还会那么感染人，就是因为今天那种原始的、单纯的、本能的爱似乎越来越少了！

廖一梅：如果你天天计算标准你会很压抑的，每个人都有荷尔蒙，每个人都有这种不顾一切的本能。你非用各种标准去束缚它，最后只能是压抑自己，被自我标准窒息而死。

徐巍：还有一种流行的看法是玩世不恭，少付出感情，调情不动情，似乎这才高明。

廖一梅：那是个游戏，把恋爱当游戏，我觉得不过瘾，就这么回事。

徐巍：什么叫不过瘾呢？

廖一梅：因为还是在表面上待着吧。你一直生活在生活表面，你没有到生命深处去游泳。

徐巍：你说过你拒绝谈你的婚姻和爱情，对一个人有感觉，希望和他的生命发生关联，这没有任何可解释的，是无法探讨的。

廖一梅：任何东西一旦被谈论，实际上就已经被亵渎了。比如说你爱上一个男孩儿，你会举出他的各种特点，比如他长得帅之类的，你举出了五条，每一条都是别人能接受的看法，实际上这些跟你爱他毫不相干，那是你在为你的感情用世人能理解的方式找注解，找证明。

徐巍：我们是否因为爱会变化就不相信爱了？

廖一梅：当然，爱就是会变化的，这是人之常情。用生物学家的分析说，爱是一种化学反应，你让化学反应永远保持在一个指标确实不可能。但是我认为好的关系，就是两个人都从中成长，都向好的方面生长，而且发现自我更好的地方，这就是爱了。无论中间发生什么问题，有什么改变，那都是很自然的事，因为人是无常的，每一分钟都在变。

徐巍：如何面对劈腿？

廖一梅：我很难对任何事作道德判断。你说到劈腿，劈腿是一个错误，但它是一件自然的事情，对一件自然的事情谈论对或者错，没有意义。但是我会对什么很愤怒？我会对发生这个情况之后人的某种态度很愤怒。人应该本着起码的善意替他人着想，双方都是。我觉得只要有这一点，就什么都可以谈论，大家就都有一个谈论的基础了。

徐巍：女人常常把忠诚作为爱的标准，你怎么看？

廖一梅：女人不可能以一个男人对她永远的忠诚来作为一种安全感的保证。忠诚是好品质，但构成所谓忠诚的方式千差万别。有可能这个男的本身就枯燥乏味，或者性无能呢，忠诚本身不能当成任何标准。任何事都没有一个界定性的标准，肯定是恶的或是善的，但是在这个过程中每个人对待它的态度是什么样的，这中间就有善和恶，有好和不好之分了。我对人的要求没有什么其他的，就是应该在发生任何事情的时候都能对他人怀有善意。这是我唯一的标准。

徐巍：你觉得今天人们在处理劈腿时常常不怀有善意？

廖一梅：很多时候都是不善意的，双方都是不善意的。能很善意地处理的时候，任何事都不是事，都能达成理解。每个人都在死守着自己的某种东西，那就永远不能达成了解。爱其实是使你有力量面对所有变化，爱不是给你保证，让你们永远不变。

徐巍：这种“不变”恰恰是人们对爱的最大的误解。

廖一梅：无常是一个事实，每一分钟你的细胞都在死亡，如果要谈论我的婚姻，我想说的是，我当初嫁的那个人和我后来的这个丈夫根本不是一个人。我原来嫁的是一个愤青啊，现在怎么变成这么靠谱的一个丈夫了？这完全与我的想象不符合啊！我们可以用任何方式谈论变化，变化是必然的。而且你应该享受这个变化，变化使你的生命充满生机，变化使一切都成为可能。有变化才能把不好的变成好的，把好的变成更好的。当然把好的变成坏的也很正常。

徐巍：人怎么能不断地让两个人的关系向好的方向变呢？

廖一梅：这就需要力量和本事了。

徐巍：我以前特别愤怒那些抛弃糟糠之妻的男人，这些男人常常说什么这个女人跟不上我的步伐了，没有共同语言了。

但今天我释然了，感情就是会死的呀。

廖一梅：你得尊重事实。女人的问题是喜欢不断地指责别人犯了错，是，他是犯了错，能怎么样呢？他承认他犯了错，大家都认为他犯了错，“他犯了错”这个事实对你有什么意义呢？因此你觉得自己有理了，永远站在正义的一边了，那你就要永远活在埋怨里。如果你认为这件事他没有错，实际上对你是好的，“认为他没有错”对你来说其实是更舒服的事儿。

徐巍：你刚才说到力量和本事，我很想知道嫁给文艺青年靠谱吗（笑）？

廖一梅：看什么文艺青年了，按我的经历说就是太靠谱了，而且要嫁给穷得一文不名的文艺青年。我跟他谈恋爱的时候他不是导演，他只是一个学生，而且没有任何人认为他会成功，我周围的很多人甚至认为你怎么会跟他谈恋爱呢，好好的一个姑娘找别人不行吗（大笑）！我们俩大学毕业的时候，他真的穷到买不起一床被子。

徐巍：你觉得是你的才气吸引了孟京辉吗？你不属于大美女，我们会觉得你身上肯定有一些特能拿得住他的东西。

廖一梅：我为什么要拿得住他呢？这些问题都是一种想象，想象永远跟真相有巨大的差距。

徐巍：按一些人的想象，你嫁了一个导演，这个导演还挺帅，在舞台上激情四射，肯定会让身边的女人没有安全感。

廖一梅：我不用他来肯定我自己，这件事根本不在我的考虑范围之内。如果他真有别人，不会打击到我；他没有，也不会提高我的自信。这个问题我早就想明白了，在这件事上我可从来不纠结。

徐巍：你这种自信真的特有魅力。

廖一梅：《像我这样笨拙地生活》一开始就是这一段：如果你是不完美的，你希望爱情关系给你带来完美只能让你感到更大的缺憾。凭什么就应该有一个人给你的生活带来翻天覆地的变化让你幸福？他欠你啊？为什么会有这样一个人？哪儿来的这样的幻想？为什么他是男的他就应该给你美好的生活啊？这种女孩子应该被抽大嘴巴，根本不用有任何怜惜。你身上有哪一处美好是值得其他人给你那么多美好的？你配吗？你长得好看，长得好看是最不值得一提的事儿，最转瞬即逝的事儿，好看的人多了。你聪明，聪明能怎么样呢？能到什么程度呢？你没有任何一种品质值得其他人给你一切。所以，无论男女，都不要存在这样的幻想。

徐巍：这种幻想很多女孩从小就有。

廖一梅：谁给了她们这种幻想呢？是童话故事。我特奇怪为什么三岁以前的童话故事还抱着不放呢。问题是您是公主吗？您脚有那么小吗？穿得进去水晶鞋吗？再说穿得进去也没什么好的。

徐巍：COSMO 杂志一直鼓励女性：一切的快乐和自信都不来源于外在，而来源于你自身。

廖一梅：如果这么讲，马上就会有人说女人可以自给自足，有没有男人都一样，其实不是一回事。你拥有爱的时候，他离不离去，你的爱都在，那是你自己的东西，谁也拿不走。因为一个人背叛或离去，难道你的爱就被拿走了？当爱在你心里变成了憎恨的时候，那才是最大的伤害。如果你让这个爱是完好的，那就谁也拿不走。

徐巍：我感觉无论在生活在爱情在戏剧创作，你都是一个完美主义者。但你也说过：作为一个完美主义者，要接受一个有缺憾的世界。

廖一梅：要有悲悯之心。这个悲悯之心首先是从自己开始的。你可以是一个完美主义者，但没有人是完美的，你特别仔细地观察自己之后会发现自己是如此地不完美。如果你不是完美的，你凭什么要求这世界上的一切是完美的呢？

徐巍：你把《琥珀》的结尾改了——因为爱，我不愿死去。是为了给这个世界传递更多温暖的东西吗？

廖一梅：不是，它是一个自然的反应，你刚刚带一个孩子来到这个世界，你会希望这个世界是有希望的，是更美好的。我身体里分泌的这些化学物质要求我改这个结尾。

徐巍：你觉得孩子对你最大的一个改变是什么？

廖一梅：本质上的改变是没有的。高兴这事我倒是有。他是一个初生的生命，两三个月的时候，他每天早晨醒了就开始笑，最开始能笑半个小时不停，我当时还产后抑郁症，我想活着有这么好吗？到这儿来有这么高兴吗？（笑）后来他笑的时间慢慢减少，变成一刻钟、十分钟，到现在是一点儿不笑了，一起来就愁眉苦脸地上学。

徐巍：你儿子几岁了？跟你的性格像吗？

廖一梅：八岁。人很悲惨。真的，原初的生命是很快乐的，之后被各种条条框框和自我期许束缚住了。我那天跟我儿子聊了一下，他就是不爱上学不爱写作业，特别正常的那种小孩儿，就爱玩。我说作业总得写吧，上学和写作业，这两件事是你必须要做的，既然必须要做的事为什么不把它做到最好呢？他说：妈妈我不想做到最好，我就想做到一般。我说，你说的我也不能反驳，你确实可以做到一般。但我有一个要求，你做到一般就要高高兴兴地做到一般。从我儿子身上，我发现人和人真的不同，我从小就认为什么事都要做到最好，这没有什么道理，不过是我的一个自我要求罢了。他想做到一般也没有什么错，为什么他想做到一般就不对呢？那是他的人生，他想做到一般就做到一般吧。

徐巍：是，每个孩子都有自己的人生，长大后都要经历各种碰壁各种挫折。就像你说的："墙就是要去撞的，会疼，一定会流血，但是年轻的时候，这种相撞是可贵的，那是推动世界的力量！我坚信，人应该有力量，揪着自己的头发把自己从泥地里拔出来！"

Editor-in-Chief of the lounge
总编辑会客厅

徐巍

张艾嘉

做最真实的自己最Sexy

- 小 S 曾经说“每个女人都希望成为张艾嘉”。的确，美丽、才气、敢爱、敢放弃，没有几个女人可以活得这么淋漓尽致；作曲、演员、歌手、编剧，她的字典里仿佛找不到 Fear（恐惧）这个词。
  很多时候，当我们对工作没热情，对生活缺少了好奇心，对男人倍感失望，我们总是努力向外寻找希望，寻求支持，却忽略了我们内心深处那个最真实的自己—— 其实，这才是我们获得 Fearlessness（无所畏惧）的力量之源！
- 敢于做真实的自己是最性感的事！

（摄影：徐阳）

张艾嘉

电影导演、演员、流行音乐作曲家、歌手、编剧，出生于中国台湾，1972年去中国香港发展，1976年以《碧云天》获得第十三届金马奖最佳女配角奖及第二十二届亚洲影展的金皇冠盾牌演技特别奖。曾受聘担任香港新艺城公司台湾分公司的总监，她执导的作品大多从女性角度出发，与当时充满男子气概的港产动作片有很强烈的对比。代表作品有《最爱》（1986年）、《新同居时代》（1994年）、《少女小渔》（1995年）、《心动》（1999年）、《想飞》（2002年）、《20 30 40》（2004年）、《海南鸡饭》（2005年）、《念念》（2015年）、《相亲相爱》（2017年）等。

徐巍： 我们COSMO一直在倡导女性的3F精神，Fun（风趣）、Fearless（大胆）、Female（韵味）。我觉得在这三个词里面，Fearless是最难做到的，尤其是女性，常常容易欠缺勇气。在很多人心目中，您是一个非常Fearless的女人，您的一生不论爱情、婚姻、事业都做得那么淋漓尽致，您自己是怎么理解Fearless的？

张艾嘉： 我从来没有把“Fear”排在我字典里靠前面的位置，只有当我随着年纪的增大，视野也逐渐开阔后，我发现，原来自己知道的那么少，才开始感到“Fear”，但在年轻的时候，我从来没有把害怕和恐惧排在前面！我常常问自己最想做什么？我最喜欢什么？我最Enjoy什么？我对世界的好奇心大过于Fear。我没有时间想Fear，与其害怕和恐惧，我宁愿找到一个对我更有意义的事情，专注在我喜欢和好奇的事情上。

徐巍： 我在报道中看到，您从小就很叛逆，十几岁就穿超短裙和机车夹克，是这样吗？

张艾嘉：大家都讲我很叛逆，我一直在想叛逆这个词。当父母和大人们不认同年轻人的想法和做法的时候就会说他叛逆，其实我真的觉得这不是叛逆。所有的青少年都有自己的想法，想尝试新的东西时就不会很听话，这只是年轻人在做自己喜欢的事情。有谁来给叛逆下定义吗？是父母、世俗，还是谁的眼光？

徐巍：很多时候，恐惧来自不自信。比如，女人年轻时常常怀疑自己：怕自己不够漂亮，怕自己身材不好不被男人喜欢，怕自己过于内向不受人欢迎……您刚踏入演艺圈的时候正值琼瑶剧盛行，当时有很多漂亮的女演员，记得曾经有人说您不上镜，那时您会有压力吗？您接受您自己吗？

张艾嘉：我没有压力，我只是知道，噢，原来我不上镜（笑），我接受，接受完我就很开心，否则，我该怎么办呢？我要想，自己是不是真的要做这样的工作？进入这个行业就必须要学很多东西，而这些功课是很需要花心血的，你愿不愿意接受这个洗礼？我和李宗盛聊过，他说现在的年轻人每个声音都不错，都有能力表现自己，环境给他们的自由度也很好，大家都像是漂亮的紫色花朵，但是当一大群人都手捧紫色的花朵时，怎么能让人看到你和别人不一样？你一定要全心全意地挤出最后那两滴精华，让自己的“紫”和别人的不一样！不要一看大家都是紫色的，就放弃努力了。这个挤压过程要靠自己的自信和训练，要接受别人好，要想想自己怎么能更好，要做很多的训练，不是一两天就可以的，一定要坚持！

徐巍：自信首先是从敢于面对自己开始的。

张艾嘉：你所有的缺点都是你的一部分。有的人有很多优点，但优点用得不好就变缺点；你有缺点，但只要用好你的优点，你也会很棒。

徐巍：您从来没有和当时那些琼瑶剧的美女演员们比吗？幻想如果我要再漂亮一点儿我就会怎样怎样？

张艾嘉：我很奇怪的，这些大美人很美，但幸运的是她们对我没有造成困扰。我的妈妈非常美，我从小到大听到的话都是："你妈妈好美啊，你们真的一代不如一代！"（笑）我从小就接受我妈妈比我美的信息，从来没有觉得这是不开心的。到现在我妈妈已经八十多岁，只要有人坐下来看，就会把目光从我的脸上飘过去看她，说："阿姨，你怎么会这么美！"我已经很接受了。美是天生的，那是天赋，但我一定也有我的天赋，我一定也有好的地方。别人很美，可是我年轻的时候走在街上，也有很多男生追我，我一定有我的长处，再说我也没有难看到那个程度（笑）。

徐巍：我觉得您眼睛里有一种光芒，很多报道都会提到您的大眼睛是很吸引人的，好像一直在闪烁，让人觉得这个女人特别生动，而很多女人到三十多岁甚至二十多岁时也根本就没有这种光芒。

张艾嘉：因为我对生命充满了好奇，对工作、生活都充满热情。我最怕的就是没有热情，这是我觉得最恐怖的事情，可能这就是我的 Fear。

徐巍：很多女孩羡慕您，说您是爱情的先锋，各种情感您都经历过。今天让很多女人非常害怕的事情就是找不到好男人，自己没有人爱。所以很希望您能和我们分享一下您对爱情的理解。您在二十多岁时嫁给比自己大十六岁的男人，您当时不在乎别人的非议吗？

张艾嘉：我第一任丈夫是一个非常棒的男人，第一次婚姻的失败当时对我是一个很大的打击。后来我检讨为什么我的第一次婚姻没有成功，我知道是我当时太年轻了，我对婚姻只是心中的一个想法，男人就应该怎样怎样，可当真实的生活到来的时候才发现和想象中的完美是不一样的。人要知道实际生活是怎么回事，回到生活与生存时要有足够的智慧去面对。我对我第一任先生很抱歉，我相信这段婚姻失败对他也是一个很大的打击，他是一个成熟的男人，要过安定的生活，而我当时不太懂得。

徐巍：好多女孩子在二十多岁的时候往往会喜欢四十岁的男人，因为这个阶段的男人什么都有了，她们觉得这样的路是一条捷径。您对她们有什么建议？

张艾嘉：一定要认识自己，打拼累了可能只是一时的，于是你可能会羡慕那些女孩子她们的先生有钱买这个、那个，但我觉得有一句话讲得很对：鞋子穿在脚上，别人看着很美，到底舒不舒服只有你自己知道。真正和这样的男人生活在一起，付出的代价是别人看不到的，你自己做不做得来？这个代价可能比你去打拼还累，世界上没有免费的午餐。

徐巍：是的，有些人年轻的时候只看到捷径和果实，没有看到要付出的代价。好像您交往的很多都是才子，而现在越来越多的女人尤其是女明星更喜欢富商。您没有想过吗？

张艾嘉：或许我比较在意我们两个在生活目标上是不是一致，对生活的理念是不是一致，对心灵的沟通和彼此的尊重是不是一致。我很怕男人不尊重女人。如果嫁一个男人，他只是因为你是明星，爱你一时的光环，那是很危险的事情。我觉得对我来讲，我寻找的是足够的尊重，两个人理念一致，可以坐下来很简单但是很快乐地生活，过很坦白的生活，这是我想要的。

徐巍：今天的女孩子在情感方面也很复杂，您经历过很多情感，当时爱上有妇之夫后也面临很多压力，您是怎么面对的？

张艾嘉：有人问我你一生的最爱是谁，我相信每个我都爱过，没有一个是因为寂寞所以找一个人陪，或这个人能给我什么弥补，我很少这样。我的每一次爱都是蛮奉献的，都是撞得头破血流，自己撞完才知道这是不应该的，不可能的，或者就算是得到了也会失去，真的不能强求，我越来越了解自己是个怎样的人。但如果我真的碰到一个无法分开的，我和我先生的结合就是这样的，那我一定冲到底，一定要百分之百地付出。我的经纪人跟我讲过：你要知道你一生得到的和你应该得到的都不是那么容易的，你很可能为了这个选择而失去所有。但我不认为我是失去，我经历的都是我得到的，再得到就是我更喜欢的，我愿意付出，所以我没有想太多，就是继续往前走。

徐巍：很多二十多岁的女孩爱上一个男人，认为不管他结没结婚，反正我就是要爱他，一定要把他抢过来，爱是无罪的。您怎么看待这种想法？

张艾嘉："抢"是一个不好的心态，我觉得感情和生命中很多事情都有它的安排，是你的就是你的，不是你的就不是你的。我现在也碰到好多二三十岁的女孩子，我很少给她们建议，因为路一定要她们自己走。每个人都是不一样的，每个人能承受的压力和担当也是不一样的。要不停地问自己：是这样子吗？到底会是什么样？要学会等待，人越急就越听不到自己内心的声音。当我遇到很难解决的问题时，我自己愿意静下来，慢慢想清楚。爱是真的很难去解释的安排，它该发生就会发生，当你再走过 10 年后回顾时你会发现，你一生中"爱过"是件很好的事情，当然要看是不是有足够的缘分，不要去强求，在付出的同时也得到过。

徐巍：现在很多女人对男人很失望，觉得他们越来越不愿意负责任，条件稍微好一点儿的总是在玩儿，您怎么看？

张艾嘉：我反而觉得现在的女人应该对男人多一点儿了解和关怀。因为我们女人从古时候开始就一直扮演一个被压抑的角色，我们一直在试图作改变，近二三十年是变化最大的年代，女人不断地认知自己，互相帮助，就像 COSMO 杂志也在一直不停地帮助女性，告诉女性应该怎么去思考和怎么去做，女人有很多这样的支持。可是当我们反观男性，当女人在变得这么厉害的同时，男人也需要变，但男人是慢半拍的，男人扮演一个角色太久了，一向是被动的，当他遇到困难的时候也没有一个可以倾诉的对象。我觉得现在很多男人也在寻找方式和寻找知识，去学习怎么跟现代的女人相处，而不仅仅满足于做一个花花公子。我不相信男人不希望得到一个跟自己很 match 的伴侣，花心也是要付出很多代价的。等你玩累了要找知心伴侣的时候，你已经老了，你的名誉也已经烂了，可能要付出孤独的代价。我们千万不要觉得男人是我们想象中的那个样子，要去互相了解，有时女人并不一定了解男人。

徐巍：我也听到很多男人抱怨对女人很失望，觉得现在有很多女人太势利，总是按各种条件去找男人，而不是真的爱那个男人。

张艾嘉：我在酒店大堂看到很多年轻的女孩子，一看就是很能干的，我相信很多男人都会害怕（笑）。外国男人可能会说："Wow，smart woman.（哇，聪明的女人。）"中国男人可能会想，我比不上，赶快走开一些好了。

徐巍：您看起来也很强，但感觉非常有女人的魅力。现在很多女人很能干，却让人觉得她们身上少了一些柔软的、女性的东西。您是怎么修炼来的（笑）?

张艾嘉：就是回归你的本位，有时候我先生笑我，说你不要那么妈妈、那么女人好不好？因为家里一有人来吃饭我就急急忙忙地买菜煮菜。我先生说你不要把自己累成这个样子，但其实我很喜欢，只有那个时候我才回归到女性的位置，我很开心，虽然我当时忙乱的样子变得好可怕（笑）。

徐巍：曾经听到一些女白骨精（白领、骨干、精英）的择偶标准是：我一定要找一个镇得住我的，品位、收入和职位都比我高的男人。为什么我们总要仰视而不能平视男人呢？

张艾嘉：是，这就是 Fear，真正 Fearless 的人是很强大的，但很多女人都是有 Fear 的小女人，总喜欢看别人有什么，看我同学怎样怎样，总是担心自己没有的东西，这都是小女人的想法，所以她们不敢轻易付出爱。爱是最没有办法解释的，它不是比较，而是从心里散发出来的吸引力。

徐巍：您觉得您是大女人吗？

张艾嘉：我有的时候是大女人。我先生也常常说，你不要那么 Bossy（专横）好不好（笑），其实我也笑他，他也很 Bossy，我妈妈也很 Bossy，我们在同一个屋檐下，你能想象这样三个人相处的样子吗？我们常常开玩笑，但我们越来越知道什么时候让他做 Boss，什么时候他让我做，这样我们都有自己的空间。

徐巍：很多女孩子对独身有很大的恐惧，她们甚至想，如果找不到男人就当单身母亲。您当过单身妈妈，有些女孩子可能想仿效您，觉得这很 Cool，您会给她们什么建议？

张艾嘉：我还是那句话——你自己有没有那个能力？我三十七岁生的孩子，我当时想，如果我不能给孩子一个完整的家庭，我还要不要生这个孩子？我能不能面对所有人对我的指责？甚至失掉我的工作？答案是我可以，我很愿意去承担，我就去做了。可是后来在各种访问中，我都不喜欢谈到这个话题，我不愿意鼓励现代女性做单身妈妈，我不认为很多人有这种认知和对自己的了解，我觉得一个人真的要花很多时间了解自己，不要觉得这是个时尚的做法，这种效仿是很危险的。即便你想好了，你把孩子生下来仍会有意想不到的压力，那些情绪上的变化、生理上的变化、孩子的成长，这一切太难了，千万不要随随便便地尝试。

徐巍：您的人生太丰富了，在这中间经历了种种情感，您在回顾自己的感情经历时，感慨最深的一点是什么？

张艾嘉：不管我面对什么来自外界的声音，我每天都告诉自己什么对我是最重要的，我来到这个世界上是为了做我真正喜欢的事情，我要把我的事情做好，享受自己每天做的事情。我不可能取悦所有人，有人赞赏你，有人贬你，这太正常了，那是人家的事情。

徐巍：对，即使有时我们的个性和行为不符合大多数人的眼光，但这个成长一定需要自己走完。

张艾嘉：人越来越勇敢的话，会活得越来越舒服。

徐巍：您在感情上敢想敢做，有时候会觉得自己任性吗？

张艾嘉：敢想敢为不一定要霸气，我绝对不是这样子，我其实是个内心相当软的人，软是因为我觉得任何事情都需要合理，要有道理可以讲，当我把道理讲清楚，我觉得我是对的时候，就会去行动，我是我自己最好的一道关卡。

徐巍：我们女人变得越来越强的时候常常背离了自己的本质，我们不停地抓，越想掌控越掌控不住。

张艾嘉：这是很可怕的事情，要有 Let it go 的心态。这些年我在学气功，听师父们讲道理，有时很好笑的。你发觉手抬起来很容易，因为你用力，但你发现放轻松很难，很多时候你是在控制中放松，不是真正的放轻松。你在抓的时候，你只有这么多，当你真正 Let it go 的时候，更多的东西才会进来，如果没放开，你都没给它机会。

徐巍：女人在不停往前冲的时候，怎么做到适当地回到自己内心真实的地方呢？

张艾嘉：我二十多岁的时候也不会，现在有时候我会看以前的照片，我看到自己以前每张照片都嘴角向上、很单纯的样子。在不自觉中人都在变，可以看看你以前的样子，更要学会欣赏你现在的样子，可以比较一下，知道自己最喜欢的东西是什么。每个女孩子都要记住自己美丽的地方，不要失去它。

徐巍：林奕华对您有一个评价，他说女人年轻的时候是一朵花，很多人欣赏，现在是一棵树，很多人可以在下面乘凉。您觉得女人最后一定要成长为一棵树吗？即使就像您前面所说的，大家都曾经是一样的紫色的花，最后那个独特的光芒是怎么散发出来的？

张艾嘉：每个人都有自己的位置，不一定每个人都要散发独特的光芒。人只要认清自己可不可以，如果自己不 enjoy 做紫色的花，可以再去找其他的东西。我常常劝我们这个圈子的年轻人可以试着做自己喜欢的事情，可是试到某个程度要认清自己是不是真的属于这个行业，如果不是的话给自己一个机会去做别的行业，说不定你在另外的行业就能挤出那点东西了，不一定要固执于“我就是要做这个”。你觉得什么是生活？什么是生存？可以有很多答案，我认为生存是一个 Must（必须），生活是一个 Attitude（态度）。你只要把自己的态度找对了，每件事情都不会很糟。

Editor-in-Chief of the lounge
总编辑会客厅

徐巍

张德芬

没有痛苦就没有成长

- “亲爱的，外面没有别人，只有你自己。”——张德芬《遇见未知的自己》。
- 好吧，那就和张德芬谈谈她作品永恒的主题——自己吧！

张德芬 华语世界最具影响力的心灵作家。著有《遇见未知的自己》《活出全新的自己》《遇见心想事成的自己》《重遇未知的自己》《心灵突破 60 问》《舍得让你爱的人受苦》，系列作品销量已突破 500 万册。

（摄影：陈东宇）

徐巍：在大陆您最被读者所熟知的作品是《遇见未知的自己》，当然还有《遇见心想事成的自己》《活出全新的自己》《重遇未知的自己》，您为什么一直在关注“自己”这个话题呢？

张德芬：我们和金钱、父母、亲子、朋友之间的关系，我们和世界的关系，其实都是取决于我们和自己的关系究竟是怎样的。对研究心灵成长的人来说，外在的世界是我们心灵投射出来的，是我们自己内在作的选择。那究竟这个内在的程序是什么，有哪些惯性，有哪些思维模式我们可以去了解？如果我们可以了解、破除总是让我们不幸福的“病毒”，我们的外在世界就会变得更美好。“亲爱的，外面没有别人，只有你自己”是《遇见未知的自己》里的一句话，如果我们了解自己，我们完全可以把“诅咒”变成礼物。

徐巍：人一定要了解自己吗？不了解自己又会怎么样呢？

张德芬：不是所有人都需要心灵成长，如果你觉得自己过得很好，那OK，你就照着自己的方式继续活下去，没有关系。但是根据我收到的年轻人来信提出的问题我发现，所有的问题全部跟“自己”有关。比方说：我不知道自己要的是什么，怎么办？我会说，就好像今天我和你第一次见面，我不知道你喜欢什么，但如果是我熟悉的人，我就会送她一个特别贴心的小礼物，因为我认识她。同样如果你不认识自己，你怎么知道自己要什么？你只好按着父母告诉你要什么，社会说你要什么，一股脑儿地去做。你不知道自己要什么，这样会越活越痛苦。也许最后能够达到你想要的，如做到一定的职位、赚到一定的钱、找到一个好男人，可是你内心会觉得空虚。

徐巍：如何了解自己呢？

张德芬：成长的必要条件就是要经历痛苦。如果你没有经历痛苦，那你永远像一个小孩一样，你看整个世界都是从一个小孩子的角度。很多人怕受苦，就会逃避。“这个男朋友我就受不了他的丑，那我就去找一个有钱又帅的吧。”就和我最初说的一样不断在修改投影仪投射出的世界，直到有一天也许过了三十岁，换过了几任男友，终于理解了“这样换来换去好像也不是办法”。

徐巍：很多人认为，我们之所以学习，看书，就是为了少受痛苦啊。

张德芬：这是我们的迷思：人生就是来享受快乐，逃避痛苦的。我个人不这么认为，因为人生本来就是苦乐参半才有滋味。就像是去迪士尼乐园游玩，排队最长的永远是最刺激的项目。我们的人生本来就是调色盘，五味杂陈才好玩。比如，也许你很努力在工作，可还是因为各种原因失去了工作。那你怎么知道这不是老天给你关了一扇窗，又给你开了一扇门呢？人都是从这些转机中一步步成长，你看那些所谓的成功人士，其实他们的生命中充满了挫折。

徐巍：通过什么功课可以了解自己？了解自己仅仅是知道自己爱吃什么、什么颜色适合自己就足够了吗？如何了解自己的心灵？

张德芬：我觉得了解自己最容易着手的是两个方面：第一，去观察你的思维模式。第二，去感受你的感觉。每个年轻女孩都希望自己能够幸福，想要青春永驻，想要男人爱你，你可以去买 LV 包包，去美容，但这些都是短暂的，真正能够陪伴你一生并且给你最大效益的就是研究你的内在。怎么研究内在呢，可以去看书，还有一个每人都可以做的——随时随地观察自己，观察你自己内在的感受是什么。会自我观察的女人，会创造一个内心世界，而内心世界越丰富的女人，越抓得住男人，她的工作也会有保障，她的人缘也会很好，人也越来越美，更容易在外在的世界玩得转。可惜我们现在正相反，我们想要在外在世界玩得转，但内在世界又很贫乏。

徐巍：我们的内在世界很贫乏的时候，就常常会屈服于他人的意愿。比如，年轻的时候，我们常常会被父母的意愿裹挟，虽然在内心里自己并不赞同。

张德芬：我觉得你要真正能够做自己的时候，你才能和父母剪断那种不正常的牵缠，脐带才会被剪断。我和我父母是非常牵缠的。父母都会有控制欲，可是我清楚自己要什么，我想为自己而活，慢慢地忠实做我自己。当然这个过程中一定会面对很多摩擦、争吵。但我对父母还是非常地好，我能给他们的都给他们，也会花时间陪伴他们，到最后我父母终于学会了放手。我不再期望他们赞美我，当我对他们没有要求之后，我就自由了。

徐巍：经济独立是不是挣脱脐带的第一步？

张德芬：如果你的衣食住行还要靠父母，那就很难不听从父母。你不能说在工作甚至金钱上都离不开父母的帮助，但婚姻你就让他们不要管。这是不可能的啊，因为这是一个“打包交易”。所以就面临选择，你要安逸的生活还是要自己去闯荡？如果是后者那你要有心理准备，有一段时间会过得很苦。但不接受父母的金钱，才能够得到父母的尊重。你在外面很辛苦，他们看得见也会很心疼，最终会尊重你这份独立自主的勇气。

徐巍：我们要明白，我们不需要以牺牲自我去孝顺父母。

张德芬：孝顺父母有很多种模式，第一种是以金钱奉养，第二种是以身奉养，但最好的奉养是用智慧来奉养父母，不但自己成长，父母也成长。当然这个过程会经历阵痛，但最重要的是，你以智慧奉养父母是以你自己的智慧，而不是“我希望父母有智慧”。我对我的父母没有任何期待，我觉得真正的独立不是你个人的独立，如果你一直要为别人的快乐和幸福负责，你永远没有办法拥有幸福快乐的能力。如果别人因为侵犯你的界限而不快乐，那你不需要负责。

徐巍：其实中国人提的一直都是“孝道”而不是“孝顺”。有时候不顺反而是孝，对父母最大的孝顺是成为一个优秀的自己。当然过程会有冲突，但终归当你没有听他们的话而成就自己的时候，父母也是非常高兴的。您刚才说的一个概念特别好，你要知道自己的心理界限！“心理界限”在中国是一个陌生的概念，我们常常以“爱”的名义践踏别人的心理界限，不尊重独立人格的存在。

张德芬：在《重遇未知的自己》里有篇文章叫《温柔的坚持》。比如，父母回来问你：“这么大年纪怎么还没有男朋友呀？”当父母这么说的时候你会不会说：“嗯，对啊。咦，那我们晚上吃什么？”这是一种智慧。父母不管限制你什么，都是有这么一个钩子，如果你身上滑溜溜的，那父母就钩不到你。第一，如果想用权威来压我，对不起我已经长大了。第二，我不怕你经济切断我。第三，我不怕你对我不好。如果每次回来父母都给你很多压力的话，你可以明白地告诉父母：“我想回来大家都开开心心的，如果你们这样子，我当然不想回家啊。”问题只在于你有没有勇气说这句话，有没有温柔的坚持。从认识自己、了解自己直到建立自己的内在空间，你要有这样的一个空间可以让自己在里面玩耍、反思，能够在遇到事情的时候可以在里面安慰自己、保护自己。慢慢你就会有内在力量。

徐巍：做自己是对的，但也有句话叫“成为更好的自己”，成为更好的自己和做自己矛盾吗？

张德芬：大家都认为，做更好的自己就是要更正直、更勇敢、更怎样怎样，其实你唯一能做到最好的自己的版本就是去看到那个被你丢在一边的不好的自己。人就是一个太极图，如果你一味强调自己的美好，那你就会有塑胶味，你是一朵假花，没有散发香味。每个人都会有一堆毛病，如果你每天都告诉自己我是最棒的，其实你会越来越假，越来越痛苦，因为这些被苦苦压抑的都是能量。当终于有一天你绷不住的时候，这些都会失控释放出来。不用讨好别人，只要舒舒服服地做自己，不用去凸显自己的闪光点，因为闪光点大家都看得到。

徐巍：认识自己是一个不断吐故纳新的过程。

张德芬：三十岁之后要开始做减法。之前都在做加法，三十岁之后就开始慢慢认可自己，认可那个被你藏起来的自己。二十五岁的你还没有成熟到可以接纳“也许我不是一个适合家庭的女性”，年轻的时候会把自己不好的地方丢掉、否定、遮盖，慢慢成熟了之后你会发现“我就是这样的人，我会说假话，其实我根本不是这么想的”。你可以在外面说假话，但永远不要欺骗自己，要真实地面对自己。你做一个完整的自己是最舒服快乐的，然后你才能活出最好的自己。

徐巍：我觉得女孩在年轻的时候，要多尝试多经历，多给人生做加法，不要太早信奉什么“平平淡淡才是真”，那是你四十岁甚至更老以后才要思考的问题。

张德芬：我到现在的生活也不是平淡的。我的生命是拿来探索的，不是用来平平淡淡过日子的。人生应该要享受五味杂陈，而不是追求不要有任何苦难、不要有任何不顺心。人生就是一场游戏一场梦，你就要带着喜悦的心情来玩这个游戏。如果有人问我这一辈子自己最满意的是什么，我会说我最满意的就是我很勇敢。

徐巍：您的经历确实证实了这一点。

张德芬：我曾经是新闻主播，那时候多难才能坐上主播位，但我说走就走，绝不恋栈，我觉得这我已经玩过了。我去美国留学，然后又到北京来工作，后来又去新加坡做 IBM 的一个重要品牌的营销经理，我做一做又觉得这不是我想要的，就继续离开向前走。那时候我开始思考，为什么我学历不错、外貌不错、收入不错，有爱自己的老公，有儿有女，什么都很好，但我还是不快乐？我发现四十岁之前，我完全是一个外在导向的人，但学历、工作、收入都不能让我快乐，所以我决定真的停下来，研究什么事让我快乐。研究几年下来有些心得想和大家分享，这就是内心的导航地图——《遇见未知的自己》这本书。对我来讲这个世界就是一个游戏，永远都有层出不穷的东西，只要你敢带着勇气去玩，老天就不会让你失望。

徐巍：年轻女孩经常问，到底要不要辞了工作出去玩？您会怎么回答？

张德芬：我鼓励我的孩子去尝试任何东西，既然想要环游世界，那就去试吧，否则你只能永远在这里抱怨。环游世界之后，可能发现还是自己的国家好，自己家好，那你回来后你的生活质量就不一样了，会很安分地工作，因为那个梦想已经被你完成了。也有很多人选择在国外流浪，觉得这才是他们想要的，那也 OK 啊。人生不是被谁所规定的，要自己去探索。

徐巍：大多数人既没勇气去探索，又天天抱怨自己的生活不够精彩。

张德芬：生活是应该有滋有味的，尝不到生活的滋味你的一生就很浪费，但如果你想尝到生活的滋味，你必须要有勇气去尝试。

徐巍：爱情是女人永恒的主题，您的书里也谈到过。您觉得二十五至三十岁的女孩子在爱情中最容易犯的错是什么？

张德芬：第一个就是按自己的需求挑人，而不是挑自己爱的人。即使你根据自己的需求来找，如要有车、有房，你也要在有车有房的男人里尽量找一个自己喜欢的，不要因为外在的条件而牺牲自己喜欢的，不然这感情到后来一定会出问题。现在劈腿那么多就是因为，需求被满足了之后，你会觉得这是理所当然的，如果你不爱这个男人，人的心会跑掉的。这可能需要一定的阅历，我也不愿意给忠告，只是觉得一定要跟随你的心走，要经过累积的错误才能认识自己，才能知道自己想要什么。

徐巍：女人常常开玩笑说，最怕挑的男人不是潜力股，而是垃圾股。

张德芬：我反而很担心有很多女人傻乎乎非要跟着垃圾股。我倒不担心那些非要挑条件比较好的，至少她知道自己要什么。我担心只要一陷进去就不管什么垃圾男都愿意跟着的女生。我在网易上看到一个关于《归来》的影评写得很好，他说女主角付出太多，到头来她被自己感动了，她以为她爱的是这个男人，实际上她爱的是自己被自己感动的这份情怀。她苦苦守了那么多年，哪怕后来失忆了，那个男人站在她面前都不认识了，还依旧在这份情怀里。这真是一针见血，我们都是在和自己的感觉谈恋爱。

徐巍：你还写过一本书《遇见心想事成的自己》，一个女人怎么能够遇见心想事成的自己？

张德芬：在于自己，与别人无关。世界上没有一个完美的男人给你的，所谓完美男人就是来给你完美功课的男人。和他在一起会把你小时候最深的伤痛带出来，所以你要有内部力量，把这些修整好。当你完成了这些，你的男人就会对你刮目相看。所以人最幸福的就是了解自己。

PART 02

爱情是
迎向他者的冒险

Are you Miss Right?

天灵灵，地灵灵，Mr. Right（真命天子）快显灵!

COSMO 作为女性的闺密，几乎期期都有关于 Mr. Right 的文章：《到哪里容易遇到 Mr. Right ？》《5 大劣迹注定他不是 Mr. Right ！》《真人分享——我这样找到了我的 Mr. Right ！》《心理专家揭秘：判定 Mr. Right 的几种标准》……可惜，遗憾的是，即使这样，还是越来越多的女人抱怨找不到自己的 Mr. Right ！

到底是哪里不 Right 了呢？

年龄不 Right ？脸蛋不 Right ？身材不 Right ？时间不 Right ？地点不 Right ？社交圈不 Right ？还是归根结底男人不 Right ？哈，也许我们在这种种搜寻诘问中忘记了反问自身：我们自己 Right 吗？我们是 Miss Right 吗？

记得前几年流行一本叫《吸引力法则》的书，这一原则的基本理念就是：相似的吸引相似的！任何你已见的发生的事情，都是你自己吸引来的！你关注什么，就会将什么吸引进你的生活！你最终会明白，是你自己创造了你的生活，你得为自己在这个世界的生存状态负全部责任。如果你希望外在世界发生变化，首先必须乐于让自己的内心作出必要改变！

所以，你想找一个阳光男孩吗？那你自己是阳光女孩吗？如果你自己就是一个整天宅在家、不爱运动、不爱自然、不爱阳光的女人，阳光男怎么会来到你的身边呢？

你希望体验恋爱的激情吗？那你本身是一个热情的人吗？你对什么热爱过吗？对什么付出过吗？做过什么有激情的事吗？比如，策划一次向往已久的旅行？激情不是来自被点燃，再旺的火也点不着湿柴火！

你喜欢性感的男人吗？你自己连一点儿风情都不解，不要说吸引不了性感男人，即使这样的男人来到你身边，你能降得住吗？

无数女孩都有一个渴望：希望爱情点亮自己的生活，希望另一半丰富、提升自己的人生，甚至我们会用“拯救”这样的极端字眼。因为我们自觉没有爱情的一个人的生活实在太乏味了，多么希望念一声“芝麻开门”的咒语，一切都会实现！

可惜上帝早就死了，阿里巴巴后面还有围追堵截的四十大盗，“芝麻开门”后令人目眩的金银财宝更让我们陷入更深的恐惧，到底如何守住它？两性关系专家们早就冷酷地断定：结婚前的你什么样，结婚后的你仍然什么样！如果没恋爱的你是一个寡淡乏味的人，别指望通过一个男人就能把自己变成丰富有趣的人！

所以，别再渴望爱情点亮自己的人生了，先自己点亮自己的人生吧！别再要求男人提升自己的生活品质了，单身的你为什么不可以把一个人的生活过得很有品质呢？

记住吸引力法则：相似的吸引相似的！

想要找到 Mr. Right？

自己先成为 Miss Right！

做升级版的自己

“人和动植物不一样，人在恋爱时会变成比较好的人。”和蔡康永客座采访前，我在他的新书《蔡康永爱情短信——未知的恋人》里读到这句话。

于是我开始浪漫地遐想：多美好多诗意的说法啊！我们因为爱，而更加包容、更加奉献、更加温柔、更加善良……“不，我对变得比较‘好’的定义比较像英文中 Better 这个词，你变成 A better killer 的意思是你更专业了，不管你要堕落也好，提升也好，你会更专业，更了解爱情这件事。”蔡康永用他康熙式的偏锋语言瞬间打碎了我飘浮在空中的诗意。

还有人用“专业”来形容爱情？原来更“好”指的不仅仅是传统意义的“美好”，“更专业”“更了解”也是一种“更好”？

“专业”，这词我喜欢！

以前专业更多被形容于工作。记得有一次跟闾丘露薇聊天，她对职场“专业”的阐述给我很大启发：“很多人说职场压力大，自己虽然很敬业但是得不到领导的赏识，不开心。不过，我们往往忽略了一点：你够不够专业！如果你没有永远学习的能力，没有不断提高自己的专业水平，压力、不开心会一直伴随着你。”

想想，我们对很多事情是不是都需要更“专业”的态度呢？我们更多快乐的源泉是不是也来自我们在这件事情上更“专业”了呢？这里的“专业”就像蔡康永所说的“Better”——因为多经历，多体验，因而更加了解，所以更加专业。

比如，我们每一个女人从小都对爱情充满幻想，但我们不了解爱情，不了解男人，也不了解自己，这个时候的我们是一样的，单纯得像一张白纸。长大后我们开始慢慢分化成不同类型的女人：有的人不敢去经历，怕受伤怕被欺骗，于是她们对爱情的了解永远停留在白日梦阶段；有的人经历了一两次，受了一两回伤，就开始以沧桑的语气说什么看透、说什么不再相信，但她们不知道专业来自长期的积累，一两个样本不说明什么问题，就像职场实习生，刚开始的道路肯定是艰难的，但不能因此阻断了自己向更专业迈进的步伐；当然也有一些人（应该很多都是COSMO女郎吧），带着勇敢、豁达、死了都要爱的心继续在情场上厮杀，于是越来越了解男人，越来越了解爱情，更重要的是越来越了解自己。虽然她们仍然会为爱情伤心，但“专业”的她们开始用更自由、更开阔的思维来面对未知的爱情和恋人。

在通往更专业的道路上，因为经历变得丰富，我们随时会遇到挫折和打击，有时候甚至想走回头路，但就像蔡康永在采访里所说的：“想做回原来的自己？是两岁的自己，还是八岁的自己？人不能那么任性地因为在二十多岁遇到挫折，就用这么偷懒的想法拒绝面对自己——你的每一刻都是原来的自己！”

对，Me, but better！

虽然有时候这样的Better并不那么Better，并不永远看上去很美，甚至也可能让你时常有面对未知的恐惧，不过，不管怎样，一道一道砍在你身上的伤痕可能会成为你的徽章或战功，而我们的心也由此变得更丰富，而且强大！

面对未来，做它未知的恋人！

爱情是MAGIC！

“文马姚迟白陈冯倪……再也不相信爱情了！就酱（网络词语——就这样子）！”

这是那天我手下一个小编的微信留言。每次写卷首才思枯竭时，这个世界就会整出点事给我灵感。真不是幸灾乐祸，其实这样的事这个世界上每天都在发生，不过集中爆发不管真假还是让人有点崩溃，于是“再也不相信爱情了”之类的话再次在微博、微信上刷屏。

可是我们真的“相信”爱情吗？

看到明星结婚就相信，看到明星分手就不相信，这叫“相信”爱情吗？——明星的爱情跟你有什么关系？

爱过一两个男人，被分手一两次就不“相信”爱情了——姐姐，路还长着呢，这才哪儿到哪儿啊？

自己被人追就相信，被劈腿就不相信，这叫“相信”爱情吗？——看来，你爱情经历太单一，劈别人一次你就明白了。

…………

写到这儿，觉得自己有点不正经——都把年轻女孩教唆坏了。难道，作为一个主编，作为一个比她们年龄大有点阅历的人，我不应该在这个时候，给她们点正能量，鼓励她们要相信爱情吗？

Believe！这可不是一件容易的事！

好吧，作为过来人说点正经话：我觉得，爱情不是用来“相信”的——好像数学中的定理，只有能够证明才成立；我觉得爱情是一种“信仰”——是公理，是宇宙中自然存在的道理。只有真正理解这个道理，Believe 它，你才会重拾对爱情的信心！

其实，我年轻时也是经常把“不相信爱情”挂在嘴边的人，自己被劈腿被分手，周围的好友被劈腿被分手，电视上的明星劈腿、分手，都是我不相信爱情的理由，动不动就感慨一番，弱小的心脏也似乎又被伤了一回。之所以这样，是因为我只“相信”这样的爱情——不变是必须的，天长地久是唯一标准，凡是违背这个的，统统都会动摇我对爱情的相信。

直到后来，随着阅历的增长，经历了一些事情，看了一些书，我终于明白也更加坚定了自己的爱情信仰：无常才是人生的常态，而爱情又是最无常的，因缘而生因缘而灭，是缘起性最强的！我们所向往的天长地久的爱情根本是一个虚幻的美梦，今天的你（他）已经不是昨天的你（他），所以恒久的爱情是不断“创造新爱”的活动，而绝不是奢望什么根本不存在的“永远不变”。爱情无常才是常态——如果没有这样的爱情信仰，你永远会对爱情失望。

那，既然爱情如此虚幻，何谈相信呢？所以必须具有感恩之心：永远不变的爱情根本不存在，但是因为我们相信每一个当下的美好，感恩每一个与我们相爱的人，所以可以一直相信爱情一直爱下去！也因为慈悲心，知道每一个人都不是圣人，我们能够原谅别人也能够原谅自己的移情别恋，不会对爱情对人性对人生那么失望。如果我们想爱情恒久，需要缘分，更需要一起不断创造新爱，而不是奢望什么“不变”，什么“十年如一日”。

记得曾经看过一篇刘晓庆的专访，这个一生爱情经历丰富，四次婚姻三次离婚，五十八岁风光出嫁的女人说过一段很大气的话：“在感情里面永远谈不上谁对谁错，我很珍惜每一个用宝贵的生命陪伴我走过一程的男人，即使因为各种原因没能走到最后，但这个过程已经很令我感恩，我只愿记住那些美好的。”

所以，这年头，相信爱情是个力气活：心灵要强大——一要有信仰支撑；二抗打击性要强；三身体要好——多实践多锻炼，被劈过也劈过别人才会更了解爱情；最后要有觉悟——爱了八百回，还是像小女生一样动不动就说不相信爱情了，我只能祝福你继续伤心下去。

如果形容爱情，我更愿意用一个词Magic——对于爱情，虽然知道它是虚幻的，但仍然能够享受和记住当下的美好，你就具有了Magic，就有勇气继续爱下去。就好像当我们看到彩虹，虽然知道它几分钟后就会消失，但我们并不因此沮丧，为什么我们不可以享受彩虹呢？享受这种当下的美好呢？

爱情是信仰，爱情是Magic！再怎样也相信爱情！就酱。

离离爱情草

离离爱情草，一岁一枯荣。野火烧不尽，春风吹又生！

抱歉，我把古诗改了。

不能改吗？是古诗就不能改？是名家白居易写的就不能改？

这是个一切都可以瞬息改头换面的年代，这年头，什么都可以改！

比如古诗。

比如古诗吟诵的永恒主题——爱情。

之所以诗兴大发地起了窜改古诗的邪念，实在是因为写卷首语时，被各种网络八卦包围着：传说王石离婚了，传说冯唐离婚了，当然还有之前不再是传说的偶像婚姻董洁和潘粤明也离了……离、离、离……鬼使神差，我脑子里就想起了白居易的“离离原上草……”看到这些“离”新闻，你又要说“我不再相信爱情了”？

悲催啊！总是希望在杂志中传递“正能量”的我，要用什么态度面对这么多“负面新闻”啊？尤其是关于爱——我们在爱情中还能相信什么？

好吧，不管你信不信，我先跟你分享下我在爱情里都相信什么吧（声明：以下文字纯粹出自本主编私人能量，与杂志正能量定位无关）。

1. 我相信爱情每时每刻都在变。我不是佛教徒，但我深信佛教万事万物因缘而生因缘而灭的理念，而缘起性最明显的就是男女之爱。追寻“不变的爱情”是我们的一个美梦，但今天的你（他）已经不是昨天的你（他），所以恒久的爱情是不断“创造新爱”的活动，而绝不是奢望根本不存在的“十年如一日”。

2. 我相信人性很复杂。在爱情里，我们渴望地狱般的激情纠缠还是渴望天堂般的平静美好？人性的复杂就在于，当我们经过地狱到达天堂，自以为找到真爱后，还会怀念地狱的滋味。所以爱情才会成为千古谜题，多少智慧贤达照样爱情沟里翻船。

3. 我相信自己不比他人更能抵御诱惑。虽然觉得俗语“没变坏是因为没有机会变坏”有点绝对，但请那些羡慕嫉妒恨名人明星婚变绯闻的人扪心自问：如果你因为或貌或名或利被众多追求者包围，你扛得住吗？这不比“地震时你会不会做范跑跑”容易回答。很多人骂别人不是因为觉得不对，而是——为什么不是我？

4. 我相信作爱情的道德判断没有太大意义。一个不劈腿的人可能是一个很有责任感的人，也可能是一个麻木不仁的人、一个性能力弱的人、一个没有机会的人。而且就算对方做错了，给他套上道德枷锁远不及给自己打开另一扇新门重要！

5. 我相信原谅恋人的劈腿是放过自己。别因为男人劈腿就质疑爱情质疑要不要相信男人质疑自己的魅力，成龙那句“我犯了每一个男人都会犯的错误”其实道出了人性。你可以不接受，但一定要原谅——给接下来的爱情一条生路。

6. 我相信分手最笨的事就是否定原来的爱情。难道你吃的第4个包子变味了，前面的3个好包子也必须是馊的？

承认曾经的美好给我们继续寻找爱的勇气！

7. 我相信爱是一个人自身的能力。别人可以离去，但拿不走我爱的能力。

8. 我相信我的爱情与别人无关。全世界的人过得幸福不等于我过得幸福，反之亦然。明星离婚也好周围的朋友分手也罢，别动不动就把“再也不相信爱情了”挂嘴上，只有不相信自己的人才会在别人的爱情里找神话。

9. 我相信一生一世的爱情。只是那需要极大的智慧、慈悲以及人性的力量，常人难以做到。既然如此，按照自己的真实欲望在爱情河里浮浮沉沉也不是什么大不了的事。我们也不必因此对爱情和人性太过悲观。

10. 我相信面对无常的爱情，我们必须练就更高的本事——修炼自己的全方位魅力，尤其是女人，让自己永远有找一个下家的可能！

哈，我相信的这些是不是不符合你想象中的那些美好？但我很庆幸自己能够尽早从爱情白日梦里醒来，重建自己相信的爱情——如此，虽然我还会因为爱情而伤心，但再也不会坍塌了！

在多变的爱情世界里，我们真心需要点冒险的精神——拿出勇气去面对一切未知！

这么说吧，就算你将来哪天听说我这个写下这么多“相信”的人也离了，也请你记住我在今天窜改的古诗：

离离爱情草，一岁一枯荣。野火烧不尽，春风吹又生！

Soulmate不是找到的，是创造的！

写2月“爱”主题卷首语的此时此刻，正值一个特殊的历史时刻：2013—2014跨年！周围无数的人都和最爱的人守候在一起，期待2014新年钟声敲响的一刻：201314——爱你一生一世！

爱你一生一世——这是我们对爱情最完美的想象了吧：在茫茫人海中，我们因为缘分而邂逅，发现他（她）就是我们冥冥之中在等待的那个人，就是自己一直在寻找的Soulmate（灵魂伴侣），我们相识，相知，相爱，步入了婚姻的殿堂，然后，一起慢慢地执子之手与子偕老——实现爱你一生一世的誓言！

可现实版的“爱你一生一世”常常被偷换了脚本：茫茫人海，相亲无数，缘分在哪儿？邂逅？——转角遇到的都是GAY！虽然我们仍旧相信冥冥之中有个Mr.Right，可遇到的各种Mr.不靠谱、Mr.怪咖、Mr.奇葩、Mr.极品，让我们越来越不相信Soulmate的存在——Right都不容易，Soulmate简直天方夜谭！

其实，说实话，我还蛮喜欢“爱你一生一世”的现实脚本的！我相信大多数人的爱情都是这样的吧，总觉得这才是活生生的、有趣的、丰富的爱！虽然现实生活中也有完美版的存在，也有一下子就找到自己的“Mr. Right、Mr. Soulmate、Mr. 一生一世”的幸运儿，可我总觉得这样的人生也没什么值得羡慕的，有点乏味有点单调。也许她们老了，也会因经历单调而羞耻，因男人太少而悔恨，哈哈，谁知道呢?!

不过，抛开一些吃不着葡萄说葡萄酸的嫉妒心，当我们为单身沮丧的时候，当我们为情所困的时候，我们还是渴望请教那些看上去一脸幸福的幸运儿关于“爱的秘密”——也许爱真的有秘密、有智慧，赶快教我们一些速成大法吧！于是有了那么多关于爱的心理书籍、自传，也有了很多擅长谈情说爱的女性杂志，如《时尚·COSMO》，于是有了每年2月号我的客座总编辑永远的主题——关于“爱”!

N多年“爱”的访谈下来，我听到了很多关于爱的各种高谈妙论，经常有醍醐灌顶的感觉。本期2月号，我采访的是《三十岁前别结婚》的作者，美籍华人作家陈愉。事业发展顺利做到洛杉矶市副市长的她经历了很长一段单身，三十八岁找到了自己的Mr. Right，拥有了2个孩子和幸福的婚姻。我们俩的交流充满了中美两性文化差异碰撞出的火花，而她访谈中的一个观点我击掌赞同：Soulmate不是找到的，是创造出来的!

也许是中国玄学文化尤其发达的缘故吧，我们特别喜欢在爱情里强调一些很玄乎的观念。比如，缘分啊，命中注定啊，前世今生啊……于是每当我们在爱里遭遇挫折的时候，我们常常把其归结为缘分未到、有缘无分等一些依然很玄乎的理由，这些观念虽然某种程度上给了我们一些安慰，但其实也挺害人的——它阻碍了我们学会在爱中成长。

比如，关于Soulmate，我们一直认为要“寻找”——在茫茫人海中一定存在一个我的灵魂伴侣，他懂我，我也懂他，我们懂彼此的好，彼此的弱点，彼此的快乐与忧伤，只要我们找到彼此，我们的爱就会一生一世……

而现实版的Soulmate绝没有那么童话，那么一帆风顺——刚开始，我们彼此吸引心灵相通，认为Soulmate就是他了！交往中，各种摩擦各种争吵，觉得自己怎么瞎眼看上他了？有的就此分手，有的慢慢开始包容开始接受。结婚后生活一直在继续，生子，买房，疾病……在各种生活新的挑战下，我们的Soul天天在变，我们对Soulmate的看法也天天在变：有时候不满，有时候感激，有时候挑剔，有时候欣赏，有时候想分手，有时候又看到他的好……也许，现实版Soulmate最完美的结局，就是在争争吵吵中一路走来，最后仍然不后悔当初的选择，仍然在欣赏而不是无奈中认定：他是最懂我的人！

所以我相信，真正的Soulmate不是找到的，而是创造出来的——在变幻无常的生活挑战中，我们每一天都在创造一个新的自我，新的Soul，我们的智慧越增长，越明白什么是真正适合自己的人，越学会接受对方而不是挑剔对方！我们的Soul越强大，我们的头脑越智慧，我们越有机会找到并不断创造自己的Soulmate！

“201314爱你一生一世”的那个Perfect Moment（完美时刻）已经成为过去，但Soulmate仍然在未来的路上等着寻找爱创造爱的人！

欢迎来到不纯真年代

虽然元旦是一年的起始，但总觉得每年的 3 月才是中国人真正意义上的开年，春节过了，立春了，新的一年真的开始了！

春节期间赖在沙发上看了一本谈爱情的闲书《男人说给女人听——甩啦甩啦甩了他》。书的作者是一个浪迹情场却最终娶妻生子、曾为《欲望都市》三季顾问的帅哥葛瑞哥，因为不忍心再看见好女人陷进狗屁不如的爱情里，所以拔刀相助，以情场老手的口吻对那些为爱痴迷的女性揭秘男人的爱情心理和爱情花样。书写得还算有趣，而让我最喜欢的是书开篇序言的第一句话——欢迎来到不纯真年代！

对，欢迎来到不纯真年代！我决定以此作为开年励志卷首语。

哈哈，还励志？拿这句话打击人还差不多。不由得想起前几天一个大我几岁的男人对我说：你很单纯。我立马回他：你骂我？

这就是不纯真年代的有趣之处，一切都是混乱的、交叉的。就像书中描写的爱情：你喜欢的人跟你玩失踪，他天天在 MSN 上跟女人打情骂俏，他总给你发暧昧短信却从不表示什么，他想跟你上床却不想跟你结婚？于是，你总是困惑：他对我是真的还是假的？

真的还是假的——这是不纯真年代人们的最大迷惑吧。

春节期间，看了一部电影 *The Women*，里面也是讲的一个丈夫有钱，女儿可爱，公寓漂亮的女人玛丽面对丈夫劈腿之后的迷失。印象最深的是里面一个结了四五次婚的女人对玛丽说的话：不要老谈你为父母、丈夫、孩子做了什么，你应该问自己 What do I want（我要什么）？

你觉得是真的？OK，你就真心去玩。后来发现是假的（其实很多时候也未必是假的，只是变化了），被骗说明你历练不够看不清楚，再说这不也是一段经历吗？人就是这么成长的，再抱着真心玩下去吧！

很不喜欢《非诚勿扰》里舒淇扮演的纯情女孩，爱上了一个有妇之夫，就一肚子人家骗了自己的委屈心态——不是你自己选的吗？刚开始不就知道人家已婚吗？偷偷摸摸——跟已婚男人交往就是这样的啊！觉得人家会娶你那只是你以为，你听不明白，还为这个去死？涂抹了“纯情”奶油的《非诚勿扰》实在丧失了冯小刚、王朔早年作品玩世不恭表象下颠覆常规的幽默气质。

纯真年代，我们付出爱只需要爱的勇气；不纯真年代，我们敢于爱需要爱的能力和态度——媚态入骨的态，气度销魂的度，态度是性灵，态度是才情（冯唐语），那是一种更坚实的勇气，更自信的单纯。

不由得又想起年前倪震“夜吻门”事件。不管周倪婚姻结果如何，还是很欣赏周慧敏当初分手声明中的几句话：“我没枉费与倪震轰轰烈烈地爱过，永远刻骨铭心，此生无憾。而我自己亦都会好好地勇敢活下去，一如过往。”

所以2009开年，COSMO提出新3F精神：Forgive Forget Forward——带着对人性和生命之复杂的深刻理解去Forgive（原谅），带着美好的记忆去Forget（忘记），更重要的是，纵使不能Forgive，难以Forget，也一定一定要带着勇气Forward（向前）！

生命是一团迷思，只有向前，你才能更清晰地看清它。

让我们以单纯的气质，去面对不纯真的年代！

Editor-in-Chief of the lounge
总编辑会客厅

徐巍

蔡康永

人生在经历爱情后才散发光芒

○ 一个人一生会说很多话，但值得倾听的未必多；一个人可以一生恋爱很多次，但未必知道什么是真正的爱。所以，号称华人世界“最会说话”“最懂爱”的蔡康永，便成了最稀有最抢手的被访问对象！每个人都想从他这里得到一些箴言，关于幽默，关于爱情，关于男女，关于自我与世界——COSMO 当然也不例外！不过，COSMO 和蔡康永的信条是一样的：无论你怎样去听，去阅读，去感慨，都比不上你自己去思考，去爱，去经历！

（摄影：江俊民）

蔡康永

中国台湾著名节目主持人、作家。生于1962年3月1日，祖籍浙江省宁波市，1990年获美国加州大学洛杉矶分校电影电视研究所编导制作硕士学位后，返回台湾参加电影制片及编剧、主持工作。2014年，正式进入大陆，加盟节目《奇葩说》《奇葩大会》。其名人访谈节目《真情指数》和综艺访谈节目《康熙来了》最为成功。曾连续4届主持金马奖颁奖典礼。蔡康永也出版过多本散文著作，包括《痛快日记》《LA流浪记》和《那些男孩教我的事》等，以及首部爱情疗愈小说《蔡康永爱情短信——未知的恋人》。

徐巍：刚看完你的书《蔡康永爱情短信——未知的恋人》，这本书被称为“爱情疗愈小说”。恰巧COSMO也做过话题“治愈系男人”。你觉得你是女人的“治愈系男人”吗？你认为“疗愈”对今天的爱情很重要吗？

蔡康永：我只是女人的“治愈系朋友”。对我来讲，写小说的乐趣是把心中抽象的想象具体化，变成真实的难题考验阅读这本书的人。恐怕也跟主持人的身份有关，比如如果一个毕业生说希望有钱，我就会问有多少钱就是有钱？矛盾就出现了，有100万元就是有钱了，那你会退休吗？一旦落实到具体，就出现矛盾的状态。我们对爱情的看法也是这样。

徐巍：我看到书上“蔡康永带你领悟爱的正能量”的宣传语，你是有意在小说中传递爱的正能量吗？

蔡康永：今天，人已经到了关注别人的巅峰，Facebook加朋友的上限是5000，微博可以关注2000人，这都是歇斯底里的数字。在我们跟人接触密度这么高的情况下，对于别人的人生会感觉贪婪和好奇，别人是不是过着比我好的人生？别的女人是不是在谈比我过瘾的恋爱？打开报纸可以看到明星谁跟谁离婚，就说再也不相信爱情了，其实理论上此事与你无关。古时候，唐明皇和杨贵妃分开，老百姓怎么会因此不相信爱情呢？你更会受别人人生范例的影响，因此你对自己的爱情动摇了，会纠结我可能拿到市面上100种爱情中最烂的那种。

徐巍：我们太爱说“我再也不相信爱情了”！

蔡康永：如果有这种心态，你很容易觊觎还没拿到手的东西。所谓的负能量很多时候来自比较和不甘心。现在的爱情太华丽，我想唤醒读者回到爱情本身，返璞归真。

徐巍：你这本书名叫“未知的恋人”。你在书里说：“一旦恋爱了，到底会变成什么样的人，我们自己也无从知道，于是恋爱中的你我都一起成为未知的恋人。”

蔡康永：有人问我是想成为别人的生活导师吗？我其实绝对不写我不相信的事。有人说吃亏就是占便宜，我不同意，我认为吃亏就是吃亏。我也不会写付出就会有收获，这没有必然的联系。有一件事我也没有把握，就是“做自己”。你任性地鼓励别人做自己很危险，虽然这听起来很过瘾。前一阵写一篇东西，有个朋友说想做回原来的自己，我说是两岁的自己，还是8岁的自己？人不能那么任性地因为在二十岁遇到挫折，就用这么偷懒的想法拒绝面对自己——你的每一刻都是原来的自己！我写这些有人认为很残忍。

徐巍：你的每一刻都是原来的自己——说得太好了！

蔡康永：很多人以为未知就是不知道——不知道和谁恋爱，我不是这个意思，我想说的是不知道你会进入什么状态，走到什么地步。我看到社会新闻中杀死情敌的事时常常会想，她一定觉得自己很陌生，她怎么谈恋爱到这一步？离婚的女人恨小三，小三会说三个人中得到爱比较少的是小三。谈到一定地步发现自己处于这样的境地，也是一种未知的状况。未知的恋人是我非常重要的态度——爱情是一种冒险，你在里面不知会航行到什么位置，遇到什么狂风和波浪。

徐巍：没有爱过是人生的一大遗憾吧？

蔡康永：这就像一个人坐在扑克牌桌上，每手牌都说 Pass，看起来非常安全，不下注也没有损失，赚多少钱都自己花。可是你每场都 Pass 的话就不要在牌桌上。我在小说最后一行写下“爱了，就在了”，这是我非常在意的一句话。人无法在别处得到存在感时，恋爱是非常重要的存在感的来源。有人事业很成功，如张爱玲的小说理论上应该给她巨大的存在感才对，但从她的生命迹象判断，似乎爱情处于更重要的地位，当爱情枯萎时，小说所带来的巨大成就并不能兑换成幸福。

徐巍：爱情的体验是不可替代的。

蔡康永：如果你能做到你的生命不萎缩，存在感不薄弱，不恋爱完全没问题，不过我印象中只有金庸小说里的灭绝师太是这样的，不过也说不定她年轻时爱得死去活来。我身边的女生，在别的方面成功，但在爱情上甘心空白的，我到目前没见过，那就表示爱的存在感不是别的可以取代的。爱过以后，它不是写在水上的文字，会飘逝不见，爱会成为痕迹和回忆。我很在意的是：如果你无法得到存在感，存在就会有危机，不是“我一个人过得很好”就可以应付得过去。

徐巍：你在书里写“人和动植物不一样，人在恋爱时会变成比较好的人”。但你书里还说：“第一次恋爱时选择了安全，但在接下来的每个清晨，你都会悔恨自己是一个糟蹋了青春的懦夫。”我很想知道你对于爱情里的“好”和“坏”的理解是什么？

蔡康永：我碰到过一些既不爱看书，也不爱学习、听不进任何人话的女孩，一谈恋爱就千依百顺地听伴侣的话，伴侣如果是魔鬼她就会堕落，如果是天使她就会变成比较好的人。我对变得比较“好”的定义比较像英文中 Better 这个词，你变成 A better killer 的意思是你更专业了，不管你要堕落也好，你提升也好，你会更专业，更了解爱情这件事。

徐巍：你用“专业”这两个字来形容爱情很特别！你的意思是我们要成为“恋爱高手”？

蔡康永：不谈恋爱的话你永远在门外徘徊，这两者比起来，不管怎样，一道一道砍在你身上的伤痕可能会成为你的徽章或战功。在家里看一张别人跳伞和冲浪的影碟有什么用呢？爱会让人学习，这也是未知恋人的真相——你不知道自己会学到什么，你是变成比较好的杀手，还是比较好的天使？我整本书的建议就是：去爱吧！你不去爱，你读再多爱情短信，也只是耳边吹过的微风而已。

徐巍：你对“我们在爱情中会成为更好的人”中“好”的定义很有意思：“好”意味着更专业，更了解，而不是我们想当然认为的更宽容、更善良等传统“好”的定义。

蔡康永：你可能更歇斯底里，爱得更嫉妒，更恨情敌，但你经历了，了解了就是 Better Lover。这个“好”字不是中文道德中的“好”，不是慈眉善目，懂得宽容别人，不是那个意思。

徐巍：了解爱，了解男人，这也是 COSMO 一直在传递的观念，而不是像很多女性杂志那样天天重复那些关于爱情的貌似美好实则有害的陈词滥调。

蔡康永：知识接受过测试的人才会变成真正好的学者，经商一样，恋爱也是一样，不赔钱就成大企业家的事我绝对不信。当你变成层次不同的人，练功到第八层才有权利忘记招式。张三丰如果没有招式早就被少林派打死，不会有机会自成一家。我相信人生整个过程就是在各方面不断学习，这样才过瘾和有意思。你要找一个以结婚为前提，房子和社会地位都符合你要求的人当然没有什么不好，但你把自己当作为社会贡献下一代的生殖工具吗？如果不是，你的自我在哪里？你人生过瘾的部分在哪里？

徐巍：经历过挫折，透彻地了解人性之后，仍然还对爱情怀着积极的态度是非常难得的。

蔡康永：我最爱的电影是意大利导演贝里尼的《卡比莉亚之夜》。他的太太演一个不漂亮的妓女，在马戏团像小丑一样被各种烂男人欺骗，但每次都依然相信爱情。这个女人超级打动我，因为她像一个圣徒，不会转脸不认上帝，每次受伤依然觉得只是被考验了一次而已。说实话，如果把卡比莉亚放在我眼前，我一定说拜托你找一个有正常职业的男人（笑），不要陷入疯狂的爱情之中。但我们活着不是只为正常生活而已，我们做创作的人永远都期待以自我燃烧的方式生活下去，所以我不会是好家长和好老师。我会说，你的人生在经历恋爱时会散发出光芒，就像被切割过的钻石。

徐巍：你觉得周围传统意义上的好女人是不是很多？

蔡康永：她们在恋爱的某些阶段会失去自我，但如果她保持高度的警戒心，她就会回来。会变成我的好朋友的女生都会有计划、有限度地执行作为太太和妈妈的任务。如果永远以妈妈自居，她的光芒就会萎缩到不行。我做过一件很好玩的事情，我第一次见小 S 的妈妈时问她的英文名叫什么，她说是 May。我说不要叫你徐妈妈，我要叫你 May。她超级感动，她选择做妈妈不表示她愿意被捆绑为徐妈妈，应该给她做 May 的机会。

徐巍：非常同意。女人终其一生保持自我的性感魅力是很重要的——而不是变成简单意义上的好妈妈。

蔡康永：我有幸在影视圈工作，女明星的警觉性会强一点，这很好地向社会展示了这种可能性。她们没有失职，还是好妈妈，但没有丧失个性。这件事情对男人是烦恼。男人这方面非常自我，希望女人像汽车中的零件一样稳定、忠实地付出，但不表示男人会把你放在人生的重要位置，他们会去另找新的猎物。女人得一直问自己：我的人生有哪几个我想要的角色？在不同时候把自己的角色排一个顺序，有一天，要把我自己放在最上面。

徐巍：任何关系如果失衡，一方过度付出，就会有潜在的危机。

蔡康永：前一段有一个香港老牌女明星过世，她讲了一句话很有趣："我人生的大部分时间是在劝人不要爱上我。"这是非常豪迈的一句话！当时我就想说有这路明星是靠吸食别人对她的爱和崇拜作为永葆青春的养分，一般女生当然不用魔女到这种程度，但偶尔的不可掌握是人永远保持吸引力的原则。不要说对异性，就算对生意的合作伙伴也是一样。你如果被对方吃得死死的，你就不会是像样的企业家。让合作者有一丝不确定，他有危机感就会做得更好。在爱情中也是一样，不要你每天像盆景一样待在客厅的角落，让他觉得怎样你都不会走开。

徐巍：你在书中写过一个故事：蜘蛛爱上蝴蝶，在网上织出我爱你的花纹，最后蝴蝶撞到网上死了。你认为爱是自私的吗？

蔡康永：爱当然是自私的，这不应该是一个问题。我一直认为爱是脱离于道德之外的，道德这个宇宙和爱这个宇宙两者不用放在一个轨道上。可是很可惜，人类的社会不会离开道德评价。介入别人婚姻被定义为不道德，所以，爱是自私的，人本来就是自私的，我无法说服自己讲人不自私。

徐巍：爱他就给他自由，这件事很难做到。

蔡康永：回到我今天一开始讲的，人目前接触陌生人的密度是史前未有的高。以前，人可以躲在佛教的文化中很安逸地过一生而不被动摇。现在，女生愿意被放到不一样的文化中去探索。你看茱莉亚·罗伯茨演的 *Eat, Pray, Love*（《美食、祈祷和恋爱》），女人的人生现在越来越丰富，不能说好或是坏，还是会有人羡慕她妈妈守在家庭里终其一生。女人的探索不能到一半就喊停，你会越变越丰富。但天底下没有交易保证的事情，你得自己衡量人生得失，活的乐趣本来就建立在这之上。

徐巍：所以，当你选择了一条更丰富的路，就要接受可能带来的各种挑战，包括伤痛。

蔡康永：你越探索，越发现自己的可能，就算到了结尾不满意，你也很欣慰自己尝试了各种努力，你没有偷懒地避开这种可能性，因为拓展自己的可能性太有意思了。

徐巍：这需要很强大的心脏。你在书里也写女孩在爱情里受伤后心开始排斥爱情，像沙漠缺水，叶子就变成仙人掌。怎么能变成一个不带刺的仙人掌？

蔡康永：我自己最放心的解答是，给自己机会跳到别人的位置来看自己的人生。这是一个很好的疗愈的方法，我大部分的挫折是靠这个方法度过的。我为什么觉得阅读重要？为什么喜欢访问别人？我喜欢把我带入别人的人生去感觉别的可能性，它有一种奇怪的从痛苦中抽离的能力，就像灵魂飘到身体的上方看正在受苦的自己，给自己呼吸的机会，你喘过一口气后就知道毁灭不是唯一的选择。

徐巍：你觉得阅读对建立我们的心理支撑很重要？

蔡康永：我是一个大量阅读的人，书不见得是历史上最聪明的人写的，却是历史上最爱思考的人写的。有时看看别人的生活状态，哪怕是微博上写的“我的前任是极品”“我的父母是奇葩”，都是抽身之计。

徐巍：虽然你给人的感觉是看透了很多爱情啊人生啊那些机关和技巧，但从你的书和微博中又感到，你是很相信真感情的一种人，有一种单纯感。我们今天承认爱情的丰富性，和玩世不恭地对待感情是两个概念。

蔡康永：爱情即使在术上赢了别人，但在原则上是完全失败。我们回到武侠，招式非常华丽的人可能被人一掌打死了。主持节目可以耍弄很多技巧，让来宾逃不过主持人的天罗地网，从而招认一些事情，这都只是术而已，一点儿没有高明的地方，也不值得做人生示范。人生之道必须很简单，就是一个立场：相信。生存之道、做生意之道都是站在别人的立场上。

徐巍：站在别人的立场上的意思是指什么？

蔡康永：就像做封面，封面一样有很多技术：主角看着你，有三个标题吸引你，你就有动力买这本杂志。这些方法示范几次，助理都能学会。但只有站在读者角度考虑，给他们真正需要的，这本杂志才会成功。花花公子的术是很厉害的，花言巧语的手段很厉害，但在道这个部分是零分的话，他也并不快乐。爱情这个事情没有成绩单，而是在于感觉到存在，花花公子往往最后觉得错过很多，希望能返璞归真。

徐巍：就像你在采访开头所说的：现在的爱情太华丽了。如何不被华丽的爱情表象所扰乱？

蔡康永：你要去找到自己最渴求的部分是什么，植物的根会往有水的地方走。如果你不觉得渴就会用花招，认为在夜店和帅哥调情比较吸引。当你真正要一个人，就会问自己那个人在你人生中必须达到什么标准才解渴，对方的人生是否因为你的加入不一样？你是锦上添花，还是有你没你没差别？那种华丽的爱情，人多少经历两次才会搞明白，你以为自己是他的水，最后发现不过是灯泡而已。不过就算拆穿之后变成一场笑话又有什么关系？你也会因此变得不同。寻找是很好的自我探索过程，越了解自己，你谈恋爱的方向就越准确。

徐巍：你在小说里面有一段介绍自己的话给我印象很深，你说：我相信爱情，相信正义，相信文明，相信宇宙是值得的。我很喜欢这段介绍，你为什么用这么多“相信”？

蔡康永：有人是为别人写书，我更多时候是为自己写的。我不是那么勇敢的人，也需要给自己加油打气。我读那么多书，也是为自己找依据。我宣示这些相信，不代表我已经做到了，而是给自己目标，去相信这些事，不要怀疑。我可能怀疑金钱，怀疑美色，怀疑社会地位，怀疑成功的定义，但我不写我怀疑的东西，我只写我真正相信的事。

徐巍：在很多女孩心目中，你是情商很高的人。而在娱乐圈这样看尽世态的地方，你怎么能有这么积极的心态？

蔡康永：娱乐圈恐怕没有大家想象的那么不愉快，在我看来，它的名利之争比起别的行业是孩子式的。我们的童心很重，唱歌、跳舞、扮家家酒、讲笑话、打扮漂亮给人家看，都是孩子气的事情。越有童心，我们的工作就做得越好。别的行业的乱七八糟只是没有摆到台面上，那种杀伤力是很大的。娱乐圈其实很宽容，我们再怎么摩擦都是孩子气的，我没有觉得在这个行业特别考验。

徐巍：你还说自己“面对欲望时会软弱，面对邪恶时会软弱，喜欢别人多过喜欢自己”。你说你想做的是“在书中传递幸福的咒语”。

蔡康永：我当初在微博上写短信系列，是因为微博上很多人展示不快乐，我甚至限制我自己不去发表意见，最多只给建议而已。因为发表意见的人太多，我只想丢很多种子，被风吹了就飘散到各处去。我期待我的小说，可以渐渐达到被不同的人索取不同东西的层次，很多好的小说可以做到这点。在达到这个层次之前，如果你拿起这本书，在面对人生的难关时可以感到有一点点支撑，对于我就足够了。

徐巍：这也是我对 COSMO 这本杂志的追求。谢谢你！

Editor-in-Chief of the lounge
总编辑会客厅

徐巍

冯唐

在爱情的世界替老天照顾好自己

冯唐是个有趣的家伙，常常“胸中肿胀”的他写了不少小说杂文，关于爱关于性。毕业于协和医科大学妇科肿瘤专业的他是很多女人心中的“妇女之友”，读过EMBA供职过麦肯锡的他更是70后、80后、90后无数女人心中的“黑马王子”(本人偏黑)。还有什么比在情人节前夕，和一个又文艺又有钱并且还算帅的男人“谈情说爱”更有情趣的事呢？好，就他了！

冯唐 1971年出生，北京土著。协和医科大学医学博士，美国埃默里大学MBA。已出版长篇小说《万物生长》《十八岁给我一个姑娘》《北京，北京》《欢喜》，散文集《猪和蝴蝶》《活着活着就老了》。现定居中国香港，从事战略管理咨询。

(摄影:崔鑫)

徐巍：生活就是一场仪式，我们对人生是靠形式来记忆的。中国女人觉得过情人节也是一种仪式，但好像很多男人对此并不感冒。我们总说，婚姻要经营，形式主义的东西是否也是一种经营?

冯唐：你说的没错，但是这事要这么看，一个让自己好过和让别人好过的矛盾关系。你当然期望，你喜欢的这个男人把所有的注意力都搁在你身上，老天是这样设计女人的，但是老天设计男人是不同的，不能完全满足女人的这种需要。老天这种设计，我总认为是为了把基因生存下来的概率最大化，他一定有一个喜新厌旧的机制设计在里面。人有很多生理设计，如腐败的东西吃了会吐，见一个人次数多了就烦，两性关系中存在这样一个不可调和的矛盾，我说的是多数人。

徐巍：动物学里，雄性是要把更多的基因撒向四方，而雌性就是靠展示自己的美丽来吸引异性。所以男人的动物性是不可避免的吗?

冯唐：首先，在男人的设计里，一定有这种成分。但是人比动物要高级一点儿，人的长处是，人会反思。你会想，人和人区别真的有那么大吗?比如，第一次遇到王姑娘，你爱她爱得要死，但是当她消失的时候，你真的会死吗?比如，世界上只有李姑娘，哪怕是你远房妹妹，你能不睡她吗?所以说，“唯一”的基础是很不牢固的，基础不在，你的需求也站不住脚。

徐巍：有些人把爱情叫作持续的多巴胺分泌。因为这个理论，有些人会觉得爱情很没劲，还有一些人觉得人生就要不断追求刺激。你觉得呢？

冯唐：嗯，我觉得都行，纯粹个人选择，就看你对这件事情爱好不爱好了。我见过结婚四次的，真的很有勇气。就像你说的，多巴胺是共通的，性、毒品、宗教，老天肯定是设计了一个套，你愿意钻这个套，那就生生死死，天堂地狱。如果不怕遗憾，一辈子不碰不沾，安稳百年，也挺好。

徐巍：女人经常会问：有一生一世的爱情吗？虽然问出来自己都觉得这问题有点傻。

冯唐：那要看她是多大岁数了。姑娘如果是二十岁，就说：有。人生导师都是这样说的。姑娘如果到了八十岁，还问这个问题，就说：有。临终关怀都是这么做的。如果是四十岁，就说实话吧：算了吧，一生一世的爱情不靠谱。你可以说有一生一世的偏好，比如说，你就喜欢吃黄瓜，你会一直吃黄瓜，但是你不会有一生一世第一次吃黄瓜的那种感觉。无法想象，哪怕一个天大的美女，一起待了 20 年，每次见到，你总能饱含第一次见她的激情，在内心里呼喊：“啊，大美女，啊，大美女。”情圣啊？傻啊？

徐巍：你觉得爱情需要学习吗？

冯唐：当然，首先要有兴趣爱好，有天赋，然后才是后天的学习培养。一切复杂的事务，都存在一个由简单到复杂，由复杂到简单的过程。爱情的确是本能，你的确有一个自发的冲动，想知道理解这件事情，但是其实这里面涉及方方面面，至少有对方、对方的父母、以前的历史、未来等，同样你也有一套你的东西，这么多东西在一起，还真是有很多风险的，是需要一个学习的过程的。学习什么时候简单，什么时候复杂，什么时候不去想，等等。

徐巍：有人说今天人们对爱情最大的误解，就是认为爱应该是永远不变的，所以爱情中一出现劈腿，就说再也不相信爱情了。

冯唐：哪有永远不变的呢？最大的迷思就是认为爱是永远不变的。还有一个迷思就是，认为找到真爱，就能解决自己的问题。其实问题都是你自己的，不是别人的。

徐巍：你觉得这样想的女人多吗？

冯唐：挺多的，作为人都是挺多的。人要明白，没有一个状态是十全十美的，没有任何一种状态是挑不出毛病的，所以说，你自己心里一定有一个轻重缓急。比较差的人是什么都觉得重要。所谓成熟，就是有能力判断优先顺序，有信心坚持这种判断，不能今天觉得，老公能清闲能多陪你是最重要的；明天又觉得，老公赚钱给你空间是最重要的，这就是传说中的拧巴。

徐巍：所谓成熟，就是有能力判断优先顺序，有信心坚持这种判断。这说法有意思。

冯唐：一定要想明白，在相对的时间段要的是什么。可以变，但是变也要想明白。你不能要求猴子不长毛，这是你自己找别扭。最差的战略不是你选错了方向，而是摇摆不定。

徐巍：很多优秀的女性会说，好男人越来越少了。你这么认为吗？

冯唐：好男人还是有的，要去找。要知道，自然界是平衡的，世界是基本平衡的。你没有理论基础认为，男人作为整体比女人差太多。可能从个体上来说，你比张三李四好，但是整体上不能说，女生优秀男人差，那是因为你没有接触到好的。

徐巍：但是很多优秀的男人会面临很多选择机会，看花了眼，不想结婚。你自己从北京到美国到香港，有没有这种感觉呢？

冯唐：还好吧，还要看他自身的能动性。十几岁二十出头的时候特别想结婚生子，但是过了三十、四十，一个人的日子过习惯了，觉得和同一个人待着很烦。男女都是一样的，也不见得女人就想嫁人。可能他适应了这种一个人的状态，一个人，偶尔有一段关系，可能浅可能深，可能快乐可能痛苦，可以进可以退。这种状态，习惯了，他会想，为什么一定要结婚呢？这又回到了人的设计的问题。其实我觉得原来人的设计，人不该活得这么长，往往三十多岁四十多岁就死了。

徐巍：你对女人对于男人的评价——“男人是用下半身思考的”怎么看？

冯唐：我觉得不是。小孩很可能是靠下半身的，小孩是有佛性的。我遇到一个小孩，是外国人，在中国长大的，保姆是中国人，说一半中文，一半德文。他第一次在后海见到鸭子时，他说：鸭鸭。以后见到所有飞的，都叫鸭鸭。他在现在这个阶段，见到鸡、笼子里的孔雀都叫鸭鸭。见到车，都是车，奔驰、宝马、奇瑞，都叫车。没有任何区别。话说回来，男人在人生观和世界观形成之后，对女人的评判是一个整体的印象，不只是看身段和容貌如何，而是看一个整体的所谓的气质。

徐巍：你写过《十八岁给我一个姑娘》里面谈到了很多男孩子青春期的成长，包括对女人的想法。那你觉得男人十八岁、二十八岁、三十八岁对女人的要求是不一样的吗？

冯唐：那当然。这个我只从效果说。十八岁需要的姑娘，应该是刺激他幻想的，能使他畅想一下未来是什么样子的，未知是什么样子的。不能完完全全是整天和他傻玩傻笑的那一类、纯哥们儿的那种。二十八岁是最难说的，人和人差异就特别大了。有些人是求心安省事，我自己就是一个例子，当时还小，还有很明确的理想，我要看书，我要考试，我要做个科学家，我要替人类攻克卵巢肿瘤，等等。所以当时畅想一个特别懂事的、省事的女人，抓来当老婆。也有男人喜欢成熟的女人，这类女人能教会你很多人生的道理，明白很多事。比如，告诉你穿西装要把袖口上的商标剪掉；又如，好的西装袖口的扣子不是假的，是可以打开的，等等。当然，我也见过就图女人好看的男人，脸好看，身体好看，最好傻了吧唧的，心软，一骗就上当，一劝就心情好。

徐巍：三十八岁呢？

冯唐：在这时候，我认识的男人对女人的要求都是图舒服。比如，压力已经很大了，不要给我压力了（虽然也许并没什么压力），最好也不要较真。情人节为什么一定要吃晚饭呢？你看天气也不好，人又多，玫瑰花也贵，换一天吧，改8月8日吧，奥运开幕了。对方立即说：好啊好啊，8月8日也很好。男人会倾向喜欢这类的。或者女人心里很明白，也不和你计较。

徐巍：现在有一个观点，人一定要玩够了才结婚。你同意这观点吗？

冯唐：在生态系统里，物种越多越稳定。一种植物只有一种病对它来说是致命的，生态系统就塌陷了，反而是特别丰富的、好几十万种细菌集于一身的更容易存活。男的经历过了，就会见怪不怪了。一直和一个人过着和尚般的生活，他会想，除去尼姑之外，其他女人长什么样子呢？会有很强的好奇心。当然也有例外的人，不需要经过繁华世界就跳到了彼岸，明白繁华世界的差异都是假的，小孩子是对的，所面对的就是女的，男的，吃的，喝的。但是这种人少，那得是多高的道行。

徐巍：在两性关系上，如何判断这种数量和质量的问题？数量多了，有时候反而不会爱了。

冯唐：我觉得人和人是不同的。我也见过，在有些人的头脑中，一朵花都可以是一个世界，为什么一个美好的姑娘不能是你一辈子的事业呢？有些人对男女的事情不太感兴趣，一辈子守着彼此过日子，够了，这些人可能会种很多种花草，养好几条狗。其实，没有对与错。1 个是少，10 个是多吗？看你怎么想，一切都是相对的，人需要做大致的权衡，不要算得太仔细。听从内心的召唤，内心召唤很强烈，就做呗；内心召唤不强烈，就老老实实待着呗。

徐巍：在爱情上，你的三观是什么？

冯唐：有一个底线，就是得真心喜欢才可以，就是不能为名为利做这件事情。只要是真情所致，我都能理解，我都鼓掌。

徐巍：你觉得男人一生爱的女人大多是同一类型吗？有一个有趣的现象，女人会爱上相差十万八千里各种各样的男人，但是我们发现男人所爱的女人是特别像的一类人。你觉得呢？

冯唐：我觉得女人爱的成分比较多一些，有很多博大的母爱在里面，所以范围会宽泛一些。我见的男人喜欢的类型确实比较窄。

徐巍：你的文章里有一句话："一个女人的美丽，一分姿色，二分打扮，三分聪明，四分淫荡。"这句话怎么讲？

冯唐：我觉得挖深一点呢，淫荡是一个很好的词，只是很多人没有足够的智慧或人生观不完善，不能理解这件事情。真正大聪明的人能很正确地对待。淫荡，如果恰当地表现出来，往往是有大智慧、独立思考、自由精神在里面，有我最喜欢的东西。比如，别人说："通奸是个罪。"你就说："啊，通奸是罪，我不能做。”那你的脑子在哪里呢？如果你的脑子和别人的脑子是一样的，我何苦和你逛公园呢？何苦和你吃饭呢？我还不如对着电视台新闻频道吃饭呢。

徐巍：你的小说里面有很多情色，你觉得情色的觉醒对一个人的意义很大吗？

冯唐：我写情色主要是为了弘扬自己用自己的脑子想事情，自己尊重自己，独立思考，自由精神，而不是总跟着别人走。有时候老天就给你10毫升的东西，你又不敢用，甚至叫它蒸发，那是暴殄天物的表现。我觉得情色是一个非常好的载体来表示自由独立、相对自我完善的东西，是需要正确对待和把握的东西。

徐巍：你觉得情色的最高境界是什么呢？

冯唐：最高的境界是把情色看成很正常的一件事情。所有欲望的产生都是有基础的。你自己觉得美好，又不伤害其他人就可以，如食蔬饮水，是生命的一部分。老天这么生的你，勇敢面对吧。类似节食，你乐意，可以。你戒色，你乐意，也是可以的。如果我们对待情色和对待吃饭喝水睡觉一样，我们的心态可以更健康些，去精神病院的机会少些。

徐巍：婚姻某种程度上是限制人的情色欲望的，有人说婚姻和爱情无关，是人类繁衍制度的一种方式。你觉得呢？

冯唐：我觉得说得很对，婚姻是社会的东西。维护婚姻是为了维护社会的稳定。

徐巍：很多女人好奇，像你这么优秀的男人，怎么会享受平淡的婚姻生活呢？

冯唐：我的角度和你的不完全一样。我是需要巨大个人空间的人，自己待着，这是核心。保证这点，其他的才好商量。说到底，人是个体的人。一个人首先要做的是替老天安顿好自己。

徐巍：你怎么看待两性关系里的孤单和束缚呢？

冯唐：打个比方，为什么有些人疯狂地要当官、要赚钱，因为他心里发虚，他们一定要通过风云变幻，要通过变化来打发时间。就不能有一个固定的爱好，简单而丰富的乐趣吗？这些人从这种程度上说，是自身的生态系统不完整。所以自己还是要替老天、替社会照顾好自己，这是一切的基石，是能够和周围的人和谐的一个起始点。

PART 03

当你有了自己想做的事，你才可能**嫁给自己想爱的人**

把自己的世界活得很大很大，把自己的快乐活得很小很小

曾经跟朋友一起出差印度，去之前咨询周围去过印度的朋友，很有趣的是，听到对印度截然相反的两种评价：爱的爱死——觉得印度是一个神奇的国度，那里的宗教、人口、色彩、手工艺、人们的着装……一切都让人觉得仿佛生活在另一个时空里，不可思议；恨的恨死——人太多、地太脏、环境太差、城市太破，没去前一辈子后悔，去了后悔一辈子，发誓此生再也不踏上这片土地。

恨死印度的以时尚圈人士居多，他们的口吻几乎把印度之行描述成梦魇之旅，仿佛现在捏着鼻子还能闻到他们厌恶的那种味道："印度的城市没法看，到处都是人；印度的街道污水横流，没法下脚；印度的酒店没法住，一进去一股子难闻的香料味；印度的水绝对不能喝，我们都是从北京背矿泉水过去……"

是啊，享受惯了品位生活精致生活的时尚人怎么能接受这种没水准的旅游？我们带着挑剔的眼光、高高在上的心理谈起这些的时候，隐隐还对自己的不屑有种优越感吧——这才叫品位，不是吗？

品位？我从来不觉得这种上去就下不来的生活叫有品位，我也对周围那些自我感觉良好实则目光狭隘、矫揉造作的所谓品位人士充满了厌恶。为了追求所谓的标明身份的“位”——这个区别于普通人的字眼，他们宁肯把自己吊在那儿当作祭品祭奠它，他们又有多少时间打开心扉，放纵六感，真正去品那些活生生的生命生活之“味”呢？如果要在“品位”生活和“品味”生活之间选一样，我宁肯选择后者，哪怕被别人认为是一个没有品位的人。

而且，我常常想，为什么我们总是把快乐的基点定得很高很高——开好车、在CBD有房、嫁个年薪至少50万的男人才稍微有点快乐感？而我们又常常把自己的世界活得那么小那么小呢——小到只有工作和爱情，不读书、不旅行、没爱好，只是觉得这辈子没有个好工作出人头地，没有个好男人娶自己简直就是生活的失败……

本期我客座采访陈文茜时，她说的一句话却跟以上很多女人的常规想法是反着来的。她说——女人要向男人学习，把自己的世界活得很大很大；取得成就后更要学会忘记成功，把快乐活得很小很小。“我从成名那天开始，我一定要让自己学习当平凡人。我星期六去菜场买菜，我的装扮，我的态度，也没有让别人觉得你是一个大明星，到后来别人就习惯了，这对我来说很重要。”

把自己的世界扩大再扩大、丰富再丰富吧，这样你的生活才能有多个支点，不会因为缺了一个而倒塌。而把快乐活得很小很小就更难做到了——无论挣多少钱、事业上多成功，都要把自己活成一个普通人，以朴素的心去体味那些简单的快乐。

从印度回来之后，我再次拿起了走前买的一个日本女玩家写的书《走遍全球——印度》，边看边乐。印象最深的不是作者幽默风趣的旅游指南，而是她开放、天真、永远充满好奇心的生活态度。

比如谈起印度的手抓饭：“不要一听说印度人是用手吃饭就觉得‘真脏’或是‘野蛮’，别忘了我们在吃包子、鸡腿时也是用手的。用敏感的指尖感觉食物的热度和柔软度，这会让你回忆起幼年时玩泥巴的美好时光和无穷乐趣。”

关于印度无处不在的乞丐，她说：“乞丐无所顾忌地要求施舍，显示出蓬勃的生命力。与在印度见到乞丐时相比，在某些国家表面繁华的都会里看到无视周围也被周围无视，独自在垃圾箱里寻找食物的流浪者，更感到人心的冷酷。”

甚至面对“无厕所的印度”，她告诉你也不要畏缩：“要懂得这里是发挥‘无论什么都要见识一下’精神的地方，如果能突破这一点，印度就会向在‘混凝土文化’中生活的我们展开一个想象不到的丰富世界。”

…………

世界很大，快乐很小。

不要让金钱成为你的敌人，不要让金钱成为你的主人

“说说现在的女大学生都关心什么话题？”在一次选题讨论会上，面对思路陷入困境的编辑，我启发式地对一个实习的女大学生发问——也许她能给我们一些灵感？

“怎么挣钱，怎么找一个有钱的男人。”她直白坦率的回答引起了一片笑声，还随着编辑们小小的嘀咕声：“没什么新鲜的。”“我们也这么想，呵呵。”

阳光底下无新事。

有一天，偶尔浏览博客，也发现了同样的话语——

“要么，找个男人去爱一场；要么，做一个物质女郎。男人和物质，总有一样，不会辜负你。”

“一直想找真正的爱情，如果找不到，就找个有钱的男人吧，钱是一剂强力的抚慰剂，足够弥补所有的一切。”

…………

这些话很熟悉吧？是不是也常常从你口中说出？于是不禁想做个选择题：钱和男人，谁更不会辜负我们？

在年轻时的我们眼里，爱情是一切的主宰，钱是我们的敌

人，起码是内心交战的对象。虽然学校里偶尔有坐着大奔被男人接走的女孩让我们羡慕，但潜意识里，我们又瞧不起她们——太铜臭了。我们为自己爱上一个穷小子而觉得自己很伟大，希望他能出人头地来回报我们“伟大”的爱。现在想想有点可笑：他不是也爱上了一穷二白的我们吗？为什么我们把自己的爱整得有高利贷味呢？原因很简单吧——我们对自己没有信心，男人就是我们的梦想。

“我希望找一个有实力的男人，找一个比我差的男人我图什么呀？一个男人爱女人，就应该给她好的生活。”三十岁时，自认为已经曾经沧海的你是不是对闺蜜这么说过？

交往过三四个男人深知爱情不可靠，换过两三次工作体会到职场很艰辛，于是我们开始下决心——凭着还年轻，找个有钱人！可是这条路真的好走吗？竞争者多不说，更关键是年轻美貌是折旧率高的可替代产品！你畅想的是开名车、住别墅、花钱如流水的长期饭票式生活，可有人诚实地告诉你：你知道仰人鼻息，跟男人伸手，有多么没有尊严吗？你的快乐真的有一张“卡”就够了吗？人生最大的悲哀不是嫁给“钱”，而是嫁给钱之后发现自己真正想要的不是钱，但已经没有资本离开。很多自己奋斗的过来者听到我们的“理想”会模仿我们的语气笑着说：“找个有钱人嫁了算了，哈哈，听起来好像有大把有钱人排队等着你们选似的，你们以为我们傻啊，非得自己奋斗？我们也曾经这么想过，可是这条路一点儿都不比自己奋斗容易啊！”我们为什么希望男人给我们好的生活？原因还是很简单吧——我们对自己没有信心，钱就是我们的希望。

“有钱的男人没法要，没钱的男人不想要。还是钱最靠谱，做个物质女郎吧。”三十五岁自认为独立坚强成功的你从名店购物出来时，是不是对自己这么说过？

钱没有情感，应该最不会背叛我们吧？可恰恰相反，钱最会背叛我们，因为它——没有情感！我们靠购物发泄欲望、靠名牌武装自己、靠和闺蜜SPA排遣烦恼……我们不去面对自己的“心”，不敢去面对“爱”“幸福”这样永恒的话题，怕自己受伤，我们只希望钱给我们带来短暂的快乐，原因还是很简单吧——我们对自己没有信心！搞定钱似乎比搞定男人容易。

曾经跟一个很钦佩的女人聊过天，她这样描述自己的经历：“我嫁了一个理科优等生，一门心思想让他带我出国，结果他不上进，我只好自己考GRE出了国。到了国外，人生目标就是在家相夫教子，结果他工作不理想，我只好自我奋斗……”如今她和先生的事业都很成功，家庭美满。我笑着问她：“嫁了这么个不上进的先生有什么好处？”她的回答我终生难忘：“我成为了我自己！”

所以，对于那道选择题——钱和男人谁更不会辜负我们？我的答案很简单：如果你辜负了你自己，辜负了一生一次活出一个独立、坚强、自信的自我的机会，那么，男人和钱都会辜负你！

永远不要让钱成为你的敌人——我们有能力也值得享受更好的物质生活！

永远不要让钱成为你的主人——上帝给我们最好的礼物是我们自己而不是钱！

宠物怎么会知道
自由飞翔的乐趣？

Rio! Rio!

前段时间因为微博上充斥着各路人马对3D动画电影《里约大冒险》的各种溢美之词，我组织全体COSMO人集体观影了一次。走出电影院后，大家纷纷感叹：太好看了！音乐、动画、配音、欢乐的气氛、简单却普世的寓意……尤其一致认为：片中的女性角色都太酷了！无论是美丽勇敢的珠儿（Jewel），还是表面学究内心狂野的琳达（Linda），简直就是活脱脱COSMO女郎啊！尤其让人印象深刻的是当被人类豢养的布鲁（Blue）跟珠儿细数当宠物的好处：有美丽的笼子，有人喂好吃好喝的，可以永远待在温暖的屋子里……珠儿却仰望天空，回头一笑说：宠物怎么会知道自由飞翔的乐趣？

哈，说得太棒了！简直可以当作COSMO杂志的宣言了！《时尚·COSMO》从创刊那天起，就一直鼓舞女性活出自己的天地——You can do it, COSMO will help you！你能做到，COSMO将帮助你！

说实话，很多人不理解COSMO为什么一直鼓励女性实现自我的价值，甚至当主编的我有时候也会质疑自己：现在世道这么艰难，房子都好几万一平米了，我们总鼓励女性活出独立自我是不是太勉强了？嫁个好男人做个家庭主妇也可以算是一条出路吧？

说心里话，每个女人小的时候都做过宠物梦吧——找一个好男人给自己好生活！起码东方女性从小的教育里都说女人不要太强，关键是嫁个“对”的男人。

你可能觉得我用“宠物”这个词有点过分，可难道不是吗？

韩国人气两性作家南仁淑在《婚姻，决定女人的一生》里有一段关于“宠物”的言论很麻辣。她说：结婚以后，你若只依靠老公对你的感情，就跟只做他的宠物没什么区别。虽然家里人会宠爱这个宠物，但是家里人不会听宠物的意见，有时家里来了客人，宠物就会被关在房间里，甚至某天主人不喜欢了，宠物就会被丢弃在街头。

当然也许你很幸运，遇到个好主人，就像片中的布鲁一样，美丽的琳达给它铸了个漂亮的鸟笼，每天喂它好吃的，还会跟它说话、聊天、逗趣……可是还记得布鲁第一眼看到珠儿的场景吗？当美丽的珠儿挥舞着翅膀、挺着高傲的脖颈、带着迷人的笑容从天而降的时候，布鲁惊艳了——那种飞扬的感觉是他从来不曾有过的，那是一种自由翱翔过的人才有的神采！

但如果你运气不好，遇到个坏主人，他怠慢你轻视你甚至侮辱你，你很不开心，但你有资本转身就走吗？不会吧？因为你跟片中的布鲁一样——不会飞！长期养尊处优的生活已经让你忘记了自己还有一对翅膀！

最感动的是片子结尾处，当布鲁因为爱的力量终于学会了飞翔时，他看到了以前从来没有看到过的景象，原来从天空俯瞰，世界如此美丽！

看了这部片子，我决定不再纠结，也想在此对所有COSMO的女性读者们说：别用什么女性独立、追求自我这些大词吓住自己，你只需要在自己的一生中，永远记住自由勇敢的珠儿说的那句话——宠物怎么会知道自由飞翔的乐趣？

看到最远最美的地平线

每年都会有一个被用得让人恶心到吐的流行语，2011 开年被爆吐的无疑是——给力！以至我一个好朋友在微博上发话：“做了一个腾讯般艰难的决定：以后我再在我关注了的人的微博里看到‘给力’这个词，第一次，我吐；第二次，我再吐；第三次，我吐着取消关注。”

抱歉我又让你吐了一回。

为什么写卷首时想到这个词？因为每年 3 月很多时尚杂志内容的关键词就是……这两个字。3 月是真正开年的大月，3 月是时装旺季的开始，3 月是万物复苏的时节！一切都那么欣欣向荣积极向上的感觉真好！

说实话，还是挺喜欢这两个字——不知道这是不是《时尚·COSMO》给你的感觉？也有人说，我是个挺“给力”的主编——编的杂志写的卷首都很 Positive Thinking 正面积极。可能吧，我就是喜欢那种昂扬、蓬勃的感觉，非常有生命力！一切阴霾的、萎靡的、暗沉的情绪都不是我的款，虽然偶尔也会沉溺，但真的不舒服不喜欢……你懂的！

尤其对那些什么“平平淡淡才是真”“简化生活返璞归真”

这些在西方在中国被到处宣讲的大道理，虽然也认为够朴实、够大智慧，但总觉得从很年轻的时候就相信这些很老的道理未免早了点，就像人一出生就开始认命一样未老先衰。人这辈子总得折腾点什么改变点什么影响点什么吧，否则不是白来一趟吗？就像罗永浩在《我的奋斗》一书中所说的："不要再问我们是否能改变世界，我们每个人生下来注定会改变世界！你让自己美好了一点点，你就让这个世界美好了一点点；你让自己恶心了一点点，你就让这个世界恶心了一点点！"

当然，这个世界上有为数不多带来很大改变的人，比如我写这篇文章时大家都在谈论的罹患癌症的史蒂夫·乔布斯（Steve Jobs）。每到这时候，我又再次听到周围纷纷响起"平淡是真"的陈词滥调，好像一个成功者的疾病让我们虚弱的心灵有了平衡的理由。而我则回到家又在夜深人静时看了一遍他在斯坦福大学的精彩演讲。这个二十岁就开始苹果事业的天才、这个10年间把公司扩成一家市值20亿美元的公司、戏剧性地在三十岁被公司炒掉又一切从头再来的英雄，在演讲时的结束语让我记忆犹新：Stay Hungry, Stay Foolish（求知若渴，大智若愚）！而说这话时的史蒂夫·乔布斯已经知道自己罹患癌症。没有自怨自艾，没有退缩隐忍。什么是给力？这才是真正的给力！

本期我跟客座主编——亚洲著名创意人包益民先生聊天，他谈起创意时说自己很相信一句话：人生的大快乐来自大成就，而这个大成就后面就是大痛苦！所以当你做你想要做的事情的时候，你必须忍受所有你不想要做的事。

"乔布斯？大成就？喂，你是在跟我们这些二十多岁，还在职场奋斗还在为车子房子票子奔命的《时尚·COSMO》读者说话吗？”

你可能认为我真有点用力过猛了，呵呵。其实我想说的是，不错，我们都不是乔布斯，我们都没啥大成就，但是我们都在改变着周围小小的环境。我在每一封读者来信中看到了自己前进下去的力量，我也一直以 Stay Hungry, Stay Foolish 的精神要求自己尽量做到最好，让这股力量大些、再大些。你呢？要相信自己，你也一定在影响着自己和周围的人！所以别再年纪轻轻就把“平平淡淡才是真”“不要追求完美主义”挂在嘴边了吧，努力做到最好，实在做不到再说也不晚。

包益民先生出版的书《天下没有怀才不遇这回事》里讲了一个小故事：爱斯基摩人用来拉雪橇的犬队通常有 9 只犬，前面一只是领头犬，它的工作最辛苦最危险，最容易跌倒也最容易受到伤害，吃到最多的风沙和冰雪，但它也能呼吸到最新鲜的空气，看到最远最美的地平线！

哈，给自己机会，给自己力量，争取去做那只领头犬，为了那最美的地平线，也不枉年轻一回吧！

爱自己，直到浑身充满了爱

圣诞节是一个舶来品，我个人对它没什么感觉，唯一印象深刻的就是小时候读的安徒生童话中那个卖火柴的小女孩的寒冷的圣诞节之夜，贫穷的小佩蒂冒着风雪沿街叫卖火柴，但没有一个人来买。饥寒交迫的她为了取暖燃起了手中的火柴。在那温暖明亮的火光里，她看到了喷香的烤鸡和节日蛋糕，看到了妈妈给她带来的圣诞礼物，但凛冽的北风吹灭了一个个美好的幻景，晨曦中，蜷缩在路灯下的小佩蒂停止了呼吸。

“童话揭露了资本主义社会的罪恶，以及作者对小女孩悲惨遭遇的深切同情。”我记得老师总结中心思想时是这么说的。但在一路成长的过程中再回头读这个故事，感受最深的是我时常能在自己身上看到小佩蒂的影子——一个自怜自艾的小女孩。

上大学时看到别人纷纷恋爱，就开始顾影自怜，觉得自己是天下最没人爱的女人；

被所爱的男人背叛，常常一个人哭泣，久久不能释怀，抱怨自己是一个受害者；

在工作中遇到压力无法面对，就开始自怜地感慨人生：为什么我要过这样的生活？

……

一度，我认为这是“爱自己”的表现，如果我不保护、安慰自己敏感、易受伤的心，还有谁会更爱自己呢？而且“爱自己”不是现在女性话题中一个很时髦的词吗？

可是我们真的懂得怎么爱自己吗？我们常常是自怜、自恋，以为逃避就是港湾，以为眼泪就是武器，把自己弄得悲悲切切、脆弱酸腐，而且很享受自己这种小情调，觉得自己如此丰富、如此敏感、如此女人……

直到有一天，我在一本心理学书上看到这样一段话，它深深地震撼了我，上面说：“从本质上讲，爱与非爱都是自私的，区别爱与非爱不在于它自私与否，而是看它行动的目标，真爱的目标永远在于心灵的成长，而非爱的目标总是其他的东西。只有真正爱自己的人，才会有足够的勇气直面生活，不受他人、社会或者传统势力的左右，敢于改变自己。”

是的，真正爱自己不是自艾自怜、躲在角落里哭泣，而是“让自己的心灵成长”——让它变得强大能抵抗风雨，让它挣脱阴霾去感受阳光。就像那个卖火柴的小女孩，如果她能够长大，她应该知道火柴是不能长时间取暖的，她可以去找个更温暖的地方取暖；或者可以敲敲门给自己一次机会，说不定有人请她吃火鸡大餐……让自己成长吧，试探各种可能性，给心灵正面的能量，比坐着自怜要好。

以前我周围时常环绕一些脆弱敏感忧伤的女性朋友，我们互相倾诉，彼此抚慰；今天的我更欣赏那些快乐幸福阳光的女性知己，我们互相照耀，彼此给予勇气和力量。

西方宗教常常把“爱人”挂在嘴边，我周围也有很多人开口闭口“爱自然”“爱朋友”“爱爱你的人”，我以为这都没有错，但是如果你不首先“爱自己”，让自己心灵充满了力量，你又有什么能够给予的呢？

所以，在我们面对未来茫然无措的时候，先从爱自己做起吧！

爱自己，直到自己浑身充满了爱！

梦想是一杯茶叶

双手托在脑后，身体放松舒展，静静地躺在海面上，看着满天的繁星，思绪随波浪一起一伏，飘啊飘地仿佛进入了梦乡……

2007 年 9 月的一个夜晚，我躺在死海的海面上，觉得一切恍如梦一般。

“我现在都不敢相信，我真的去了死海！去了宗教圣地耶路撒冷！去了哭墙！——那些我以前看旅游杂志时做梦都不敢去的地方！”从以色列回来后，我兴奋地和一个同样喜欢旅游、足迹遍布世界各地的男性好友絮叨着。他奇怪地看了我一眼：“我从来都相信，我梦想去的地方一定会去。”

无论男人女人，也许有些人是那种从小就充满梦想，执着追求，最终得以实现的目标主义者。也有一些人可能和我一样，一路走来迷迷糊糊，只是一步步走得比较踏实，走到今天竟也成了一些人眼中美梦成真的人。

所以每当有人问我，做杂志是你从小的梦想吗？我说：不是。那你小时候的梦想是什么？我常常很羞愧地回答——没有。

其实，现在想来，有什么可羞愧的呢？恰恰相反，我认为我们从小到大的梦想教育有很多误区。

比如，梦想是与自己无关的梦。

小时候，老师都会让我们写“我的梦想”作文，最后得奖的作文一定是宏伟的、崇高的、与自己无关的、实现不了的梦想。于是，在我们的脑海中形成了这样对梦想的定义：它是别人对自己的一种期许。

如果今天让我写这篇作文，我一定要写“跟自己有关”的梦想，哪怕它并不崇高。前一段去一所大学跟大学生做了一次对谈。一个大学生说觉得梦想都破灭了，很迷茫。我回答他：“幻灭是成长的开始，包括我在内的每一个人都经历过这种幻灭，此前你的梦都是别人的梦，是痴人说梦，从今天开始，你才要真正开始寻找自己的梦想之路。在这条路上，你要深入地去了解自己，时刻问自己：这是我要的吗？”

再如，没有实现的才是梦想的生活。

几年前，如果你问我，我的梦想生活是什么，我一定会参照很多名人的话那样回答：“人生有很多遗憾，我的梦想生活是如果有一天，我可以……”

如果今天你让我回答，我会肯定地回答你，我现在过的就是我梦想的生活，因为这个生活是我选择来的，我承受它的好和坏，也很感恩、珍惜自己现在拥有的一切。

最后一个误区是，梦想和现实是对立的。

一直以来，这句常常被人们挂在嘴边的话几乎成了真理。所以我们总用势不两立的眼光看待梦想和现实，并在遭遇现实打击时，理直气壮地为自己找到了不兑现梦想的借口。

如果今天你问我，我会说，我希望做一个现实的理想主义者，脚踏实地地做事，但永远不放弃内心的激情与梦想。

在这里，我想跟大家分享一个对我很有启发的小故事，我曾经听很多成功的女性讲起它。

一个女孩子很迷茫，不知道以后的路要怎么走。于是她妈妈把她带到厨房里，在炉子上放了三个锅，分别放了一个鸡蛋、一根胡萝卜和一把茶叶。煮了十分钟后，第一个锅里的蛋还是硬的；第二个锅里的胡萝卜变成软塌塌的东西；而第三个锅里的茶叶原来是卷曲的，现在全都张开了，而且煮茶的水已经从白水变成了茶水。

第一个锅里的鸡蛋完全不融于环境，第二个锅里的胡萝卜彻底被环境同化，只有第三个锅里的茶叶，它释放了自己，同时也改变了周边的环境。

其实，梦想实现的过程是你怎么在你自己本身的能力跟你的双手可以触摸的环境中来创造奇迹。

创造奇迹很难吗？很遥远吗？

深深记得奥地利建筑大师白水先生说过的一句话：一个人的梦想，是一个人新生活的起点；一群人的梦想，就是一个新的现实的起点。

Editor-in-Chief of the lounge
总编辑会客厅

徐巍

陈文茜

把世界活得很大很大，把快乐活得很小很小

○ 飞机失联、全球变暖……全世界一个接着一个的灾难事件让环保、气候、未来突然变成了很多时尚圈女人饭桌上的话题——“未来的世界会好吗?”高房价、失业、剩女现象……现实的困惑也常常扰乱我们内心的平静——“生活的快乐在哪里?”这期我们请来了观点犀利、在香港和台湾以时事评论备受大家喜欢的著名媒体人陈文茜，她穿着自己在法国跳蚤市场买来的古董睡衣，和我们聊起了COSMO 提出的这些貌似很大的话题——关于世界，关于未来，关于我们自己的快乐。

（摄影：徐阳）

陈文茜

1980年毕业于台湾大学法律系，自2005年起主持凤凰卫视《解码陈文茜》节目，与赵少康、李敖并称台湾三大名嘴。现为《商业周刊》时评专栏作家。她横跨台湾政界、商业界与媒体界，是颇具影响力的风云人物。著有《文茜的百年驿站》《只剩一个角落的繁华》等。

徐巍：COSMO的客座主编一直聊的都是职业、爱、生活方式这些贴近女性的话题，但是今天跟文茜你，我突然想聊一些大一点的话题。作为一个普通人，不知道你有没有这种感觉，生活在今天的世界，我们越来越找不到内心的踏实和安定？今天的世界怎么了？

陈文茜：2006年的时候，我搬到了阳明山我自己盖的一座房子，它面对的山叫纱帽山，山景很美。从小孩子的时候起，我记得我晚上睡不着觉，就开始做梦，梦见我有一个什么样的家，这个房子虽然没有百分百实现我的愿望，但某种程度来说，我从小开始对家的幻想变成了现实。但是当我知道了什么是极端气候，我再看那座山就不觉得它是一座纱帽山。因为如果哪一天整座山都垮下来的话，我的家就会像小林村（莫拉克风灾中被灭的重灾地）一样。我们每个人小时候都有很简单的愿望，我们常被教导，我的世界非常小，比如说，我很高兴我今天升职，得到一个高薪；我很高兴，昨天我的同事被我用很阴的方法恶整了一下……就像我从小梦想的房子终于盖起来了，可是一个天崩地裂，也许就完全改变了。

徐巍：气候、环境对普通人的生活从来没有像今天产生这么现实的影响，比如今天全中国人都在谈论雾霾。

陈文茜：气候对我们的影响我们可能真的没有意识到。我举一个例子，在台北，只要淹水的地方，房价都会大跌。10 年后，如果人们感觉到北京这个地方，沙尘暴越来越严重，呼吸道的毛病越来越多，那你花那么多钱在北京买一个房，拿着铂金包，开奔驰车，却戴着口罩去上班，车上都是沙，这样的生活有意义吗？这样的房子真的会永远升值吗？我觉得中国的某些富豪特别可笑，全世界动辄一千万、两千万、三千万的豪华车都被他们买走了，我在欧美也认识很多富豪，我从来没看到有很多人把买这种车当成生命成功的象征。为什么我们不能多关注一些更有意义的话题呢？

徐巍：除了面对气候、环境这些世界性的问题，在今天的中国，很多年轻人面对房价太高、机会太少、找工作太难，都觉得希望渺茫，所以现在中国有了第三批大的移民潮。您在台湾住了这么多年，您想过移民吗？

陈文茜：我本来想等自己老了去住普罗旺斯，但按科学家们说的，那地方会沙漠化，我得另外找一个地方（笑）。现在白种人自己都不够吃了，你黄种人还想去分一杯羹？你以为在美国人人有机会？那是发生在 20 世纪五六十年代，绝对不是现在。澳大利亚曾经很欢迎中国移民，到一定程度他们说是黄祸。我觉得全世界所有的人都对自己没有太大的安全感。中国现在 80 后的孩子，有能力移民的都是中国最有钱的那一批人的富二代，但他们没有想过，发展到这个阶段，大家只能一起牵着手摸着石头过河才有希望。他以为自己逃掉了，可以得到机会，除非他是个天才，做出什么软件在纳斯达克赚钱，但这基本是不可能的。

徐巍：您觉得人的安全感到底来自哪里？

陈文茜：我三十几岁从美国回来，工作一两个月就突然成名，被冲到最上面，但是我告诉自己，我随时要接受成为平凡人的一天。人一定会走下坡路，女人会老，美丽也会不见，婚姻、爱情都有变数，这些东西都是外在的，有一天都是可以消失的。我觉得每一个人要为他的人生找到一个安全感的支点。比如像我，安全感就是有一支笔。有时候我会想如果有一天我退休的时候做什么呢？或者如果有一天我的事业走下坡，那也很好，我就没那么多电视节目要录，没那么多收入，我就可以很自由地到处去旅行。只要我有一支笔，可以写下我想写的东西，除非我会得老年痴呆症（笑），才无法再靠这支笔有安全感。有些人把她的安全感建立得很容易失去，比如美貌，比如男人，其实，你要的越简单才会越踏实，你的安全感也会越强。

徐巍：是啊，能够自己主宰的东西越多，我们的安全感就越不容易丧失。

陈文茜：是。我有一个很好的爱情，可是如果他死了，我可能写出《山楂树之恋》（笑）。

徐巍：我记得您曾经接受采访的时候说，要到六十岁才结婚。

陈文茜：越优秀的女人，越不容易得到爱情的幸福。

徐巍：为什么，这真的是魔咒吗？

陈文茜：曾经有两个人这么告诉我。小时候，我的外婆就跟我说，你是一个长得还不错的女孩子，你很优秀，你这种女人是不会好命的。另一个跟我说相同话的是李敖，他说你们这些新女性绝对不会有任何好结果（笑）。

徐巍：他的理由是什么？

陈文茜：理由是，“新女性没有人想要照顾你们，到老了又不好看”。我说你讲得有道理，但再怎么糟的下场，也比嫁给你的下场好（笑）。他说我讲的也是正确的。女人常常觉得自己的爱情啊婚姻啊很重要，而男人的世界比较大，他把快乐寄托在事业、朋友、爱好等很多事情上。如果这个男人很重视太太，注重跟她是否有心灵交流、在不在乎他，我觉得那个男人也不会太幸福。所以男人没有女人那么严重的幸福感问题，因为他获得幸福的方法很多。可女人获得幸福的条件和机会被社会也被自己限制得这么小这么窄。

徐巍：那女人应该怎么办？让自己的世界变得更大吗？

陈文茜：我每次只要谈恋爱，就会不快乐，我如果每天在讲气候变迁、帮助孩子们做事情，就会快乐（笑）。女人的痛苦常常是自寻烦恼，因为自己的世界太小了。

徐巍：可是女人常常害怕强大、独立后会不会高处不胜寒？

陈文茜：我也不见得要跟男人一样啊。比如我今天去菜市场，买到漂亮的玫瑰花，找到几个不同的好看的花瓶，插好多造型放在不同的角落；或者我找到了爱马仕新的很好的香水，我今天喷了香水，很多人都称赞我，这都会让我很开心啊。我在我的阳台上种很多薄荷，摘了泡茶给朋友喝。我种了一种可以食用的玫瑰，它只有一个季节可以长得不错，每到这个季节，我就请朋友来家里，我煮一锅汤，看着玫瑰花瓣被我一一摘下来，漂在汤上面，就很幸福。我觉得女人要把自己的世界活得很大很大，但要把快乐活得很小很小。

徐巍：呵呵，我每次见您，都觉得在您的 Powerful（强大的）外表下面，有特别女人的一面，包括您今天的穿着，刚听编辑说，您穿的是一件从法国买来的古董睡衣。

陈文茜：其实男人有他的不快乐，女人也有她的不快乐。男人的生命像一棵很大很大的树，看起来很茁壮，但他需要很多的水很多的阳光。女人的生命像芦苇草，看起来很脆弱，但很容易生存。我们传统的观点是把人分为男和女——男人就要这样，女人就要那样，没有完整的人。我觉得完整的人是，女人不用钻牛角尖，不用永远活在她的先生、她的爱情里；男人不用整天想把自己搞成一棵大树。我是大树，我很开心，我是芦苇，我也很愉快。人生是什么，人生就像我们小时候玩的万花筒，摇一摇，又是另外一种风景。

徐巍：可是当女人自认为很优秀的时候，我们常常觉得需要男人来给自己的身份地位加分。

陈文茜：我常常觉得男人也不需要寻求身份地位。我从成名那天开始，我一定要让自己学习当平凡人。我礼拜六去菜市场买菜，提着菜篮子，我的装扮，我的态度，也没有让别人觉得我是一个大明星，到后来别人就习惯了，这对我来说很重要。

徐巍：您从什么时候开始不活在别人的眼光里？

陈文茜：我一直都这样。

徐巍：太酷了。

陈文茜：我以前的男朋友都是艺术家或是作家，后来觉得太可怕了，你有才气我去看你的书展艺术展就好了。我开玩笑说，五十岁的时候找丈夫，就像我现在的男朋友一样，最好是个皮肤科医生，七十岁的时候就要找心脏科医生，九十岁的时候就要找一个牧师，他每天念圣经告诉你，你会上天堂（笑）。

徐巍：您对男人失望吗？现在很多熟女抱怨男人都喜欢年轻女孩，又没责任感，尤其是那些所谓成功男人。

陈文茜：以前我在“立法会”的同事跟我开玩笑说，你不要嫁，以你的状况，除了马英九没有人合适（笑）。其实因为我对男人没有过期望，所以也没有失望可言，像我这样的女人不会有这个问题。我不会觉得男人要配得上我或配不上我。当然，我会觉得有种男人配不上我，他每天琐琐碎碎地只关心自己，只在乎他赚多少钱，对公益、对世界、对外面的人都没什么关怀。

徐巍：我特别喜欢您刚才说的那句话——把自己活成普通人。今天太多人稍微成功一点，就觉得自己可不是普通人了，不能坐地铁，不能吃小饭馆，不能去没水准的地方……呵呵，恨不得觉得周围人都在看你，其实，谁看你啊?

陈文茜：我前一阵子从楼上摔下来，发胖20公斤，在电视上我是靠穿铁衣录节目，我的男朋友并没有因此离开我，周围朋友对他说，你太了不起了，你通过考验了。因为我以后的状况只会比现在更好，不会比现在更可怕。以前电视是正方形的，我曾经跟别人开玩笑说，有一天当我的脸超过那个界限（笑），我就会退休。但是后来屏幕越来越宽，我现在离退休也越来越远，呵呵。但我知道，我会变成平常人，我会被淘汰，就好像我前面的老人从权力的顶峰摔下来一样，我看到太多这种事情，就越来越让自己随时准备回到普通人的状态，这样我可以感受到更多快乐。

徐巍：您常年跟政治圈打交道，不会觉得这个世界更黑暗吗?

陈文茜：我是学历史的，是用一个景深在看世界、看人生，所以不会觉得那么黑暗。当然，我跟这些人吃饭，偶尔往来，也不多。他们跑来找我，是因为觉得我很easy（简单），跟我在一起也没什么社交的感觉。像我在大陆最好的朋友，凤凰卫视的老板刘长乐，我可以跟他从世界大事谈到去哪里减肥，他可以从最大的幸福活到最普通的幸福，我觉得他比别的富豪快乐。

徐巍：我觉得您身上有种童真的东西特别可爱。

陈文茜：我这次在来的飞机上发现了一个瑞士的彩妆牌子，它有一套黑色的眼影，各种不同的黑，眼睛画出来像熊猫，我觉得这是我这次旅行最大的收获。我今天穿的这件衣服就是我在法国跳蚤市场买的睡衣。

徐巍：您怎么能让自己这么快乐？您的信仰是什么？

陈文茜：我现在信仰的是，我一个月要减 5 公斤（笑），如果达到目标，我这个月就过得很快乐。你可以说我是一个纯真的孩子，你也可以说我是很老的灵魂，我太早就看空了。

徐巍：当今是个个人媒体时代，对传统媒体和媒体人都会催生一个很大的危机，会不会有一天，没有人再听陈文茜说话了？

陈文茜：会的，我淘汰了别人，别人也会淘汰我，一定会。将来也没有人要写文章了，每个人都用一句话或两句话加个标题就定义一件事。这个世界越来越简单地思考，他们称为网络时代，就跟辜鸿铭年代不能接受用白话文写作一样。

徐巍：对这种未来您会失望吗？

陈文茜：我觉得上帝把我生得太早了，我如果出生在现在，我会是很了不起的动画的发明者，我可以打败天下无敌手

（笑）！我最近在做一个新节目，已经把 Idea 想好了，第一个我要访问那只能预测未来的章鱼。我想问章鱼，你为什么可以预测得这么准？它说，因为我有 9 个脑袋，你们人类只有一个。我会问章鱼，你此生还有什么愿望？它说，最大的愿望就是去香港参加麻将比赛，一个人可以打八桌，哈哈。另一个我设想的是在天堂访问玛丽莲·梦露，我问她，你后不后悔那么早就死了？她没有直接回答我的问题，她说，最愉快的事就是在她死后不久，被怀疑杀了她的约翰·肯尼迪、罗伯特·肯尼迪也死了，他们的死状比她还惨，他们都是被枪手打死的，而她是很美丽地服药死的。

徐巍：哈哈，很好玩很有想象力。

陈文茜：我最后的结论更好玩。我问玛丽莲·梦露，如果你活着，今天有没有什么要做的事情？她说，我会让大家把我当时在地铁裙子飞起来的画面做出来，上面写着，节能减排，人人有责。哈哈，我活得太早了，我应该去皮克斯上班。

徐巍：回到我们开头谈到的很大的问题，您认为未来世界会好吗？我们怎么在这个可能不太好的世界里获得更多的快乐？

陈文茜：应该有更好的宏观的世界观，要多读历史，每天想到我今天已经好太多了。要把自己的世界活得很大很大，把自己的快乐活得很小很小。幸福是什么？如果你不在你的世界里只看到自己，你的世界就会变得很宽广、很大。就像我小时候，如果很沮丧，我只要喝一杯可乐，就会变得快乐。

Editor-in-Chief of the lounge
总编辑会客厅

徐巍

刘晓庆

女人只有征服了世界，才能真正征服男人

“晓庆姐是一个传奇！”不管喜欢她还是讨厌她，无论羡慕她还是妒忌她，所有人都不得不发出这样的感叹！当其他跟她同时代的女演员都已经销声匿迹，她依然活色生香地出现在银幕和话剧舞台上；当其他女演员让人感叹美人迟暮，她却容颜不老风姿绰约地逆生长，让所有比她年轻的女人表示压力很大；当其他同龄女人嫁人生子过上了正常日子，她却选择单身并活得有滋有味，散发出岁岁有人爱、时时有人追的独特风情……

而当我见到她时，我尤其被她的率真、大气和热情所感染！经历过人生大起大落却魅力无敌的她用她的经历验证了一条女人可以走的路：女人不用嫁钱、不用嫁权、不用傍男人，也可以活出一个淋漓尽致的自我！

（摄影：高原）

“我就是想用我的经历告诉女人，”晓庆姐说，“女人，也可以像我这样活！”

刘晓庆

国家一级演员，曾获得第三届大众电影百花奖最佳女配角奖，第七届中国电影金鸡奖最佳女主角奖，第十届、十一届、十二届大众电影百花奖最佳女演员奖等。中国作家协会会员、中国电影家协会会员、中国全国表演学会副会长、中国明星羽毛球队现任队长、公益明星羽毛球队执行主席。代表作：电影《小花》《原野》《芙蓉镇》《春桃》等，话剧《金大班的最后一夜》《风华绝代》。

徐巍：20年前可能会有人叫您“晓庆姐”，20年后的今天大家仍然叫您“ 晓庆姐”。说实话，我今天来见您之前心理压力很大，一直跟化妆师说：千万要把我化得年轻点！哈，我很好奇，您怎么看待别人对您的这种“青春不老”的印象？如果有人问您的年龄，您会介意吗？

刘晓庆：年龄的事情是隐瞒不了的，我毕竟已经拍了这么多年的戏了。我其实很正视年龄，但是有时有人说我已经这么大了的时候，我自己都会吓一跳。不过你仔细看，我脸上是有皱纹的，不像别人说的一点儿瑕疵都没有。如果真要说“青春不老”的话，我觉得更多的是我的态度而不是我的外表。

徐巍：您介意别人说您“装嫩”吗？我以前认为女人应该什么年龄做什么样的事，但是我做了十几年时尚杂志后发现，女人可以也应该活得比实际年龄年轻。

刘晓庆：我觉得女人一定不要上男人的当（笑），这都是男人的说辞。中国上下五千年的历史，实际上是一个以男性为中心的历史，所以一直会有对女人的束缚，比如“男人三十一枝花，女人三十老大妈”。女人一快到三十岁，周围人就会劝她赶快结婚，反而男人到了这个年龄，大家都会告诉他可以多玩儿几年。以前女人一旦结婚，她这一辈子就定型了，就几乎可以看到头了，而男人不一样，结婚之后他的人生才刚刚开始，老婆在家带孩子，他可以在外面该干吗干吗。我不是说所有男人都会这么做，但是男人结婚后是有这种可能性的，而女人因为自身、孩子的因素，就只能被束缚在家里，这对女人是非常不公平的，所以女人一定要活出自己！

徐巍：您认为女人怎样活出自己？

刘晓庆：其实很多女人都是非常聪明的，我们可以做到既有男人的优点，又不失女人的特质。我以前做生意上过福布斯百名富豪榜，我在做生意的过程中如果碰到女老板，我就会很开心，因为一个女人能过五关斩六将地在男性社会中闯出自己的天地，她一定是超凡脱俗的。征服世界的不是只有男人，有很多女人很聪明，但是她因为受到传统观念的束缚，觉得自己应该“像一个女人”而放弃了自己。可我做这些的时候觉得自己还是很女人的啊，我并没有变得男性化，我只是觉得我用自己的智商可以在这个社会中找到属于自己的一席之地。

徐巍：是，总觉得您身上有一股大姐大的豪气！

刘晓庆：女人要想成功的话，你的心胸必须很宽广，要把精力放在发现别人的优点上。我特别容易发现别人的优点，看到这些优点后我会立刻去想怎么把它变成我的优点！（笑）而当别人说我的缺点的时候，我不会生气，我会去想他说的有没有道理，如果有，我会立马改正，这不是很好吗？一个整天多愁善感、心理承受能力很弱的女人，她的面相不会有光芒。赋予一个美丽面孔以生气的就是光芒！

徐巍：我非常欣赏您用的词——光芒。很多中国女孩可能只有青春期会有这种光芒，而之后光芒就会越来越弱。相反，我觉得您是一个“逆生长”的人，您对传统观念里那些认为女人什么阶段就该有什么样的观念怎么看呢？

刘晓庆：这很简单，就像每一个人都会死，但是每个人都希望自己死得晚一些；同样，每一个人都会老，但每个人都希望自己年轻的时间长一些。没有人是不会老的，但是你可以让人生精彩的时间更长！你一定要享受现在，不要觉得还有将来，告诉你自己，没有将来！不要觉得错过这个人还会有别人，没有了，过去了就是过去了！所以你想做什么就要立刻去做，不要把什么都留给明天。

徐巍：但是在保持美丽的过程中女人很容易松懈，尤其是有稳定男朋友或结婚生子之后。可是大家感觉您好像从来没有松懈过。

刘晓庆：如果要说是什么让我变得美丽，那就是我最享受人生中每一次克服困难的过程。人生一分一秒都在流逝，我们坐在这里聊天的场景不会再发生第二次，这里有咖啡、有水果，我们在这里聊人生，为什么不享受当下的这一刻呢？我的个性就是这样，不是说我做这些会很痛苦，然后我告诉自己不要松懈，要坚持住，而是我很会从这些事中找到令我愉快的地方。我是那种给点儿阳光就灿烂的人，所以周围的人看我永远都是很开心的样子。

徐巍：《时尚·COSMO》作为女人的“性感圣经”，就是要鼓励女人，永远做一个性感的、对男人有吸引力的女人。我觉得在这一点上，您是很有发言权的……

刘晓庆：就是说很多人追我嘛，哈哈，确实是这样，但是有时候这让我挺烦恼的（笑）。我并没有刻意让自己保持吸引力，这跟我的职业有关，电影明星本来就是一个大众情人。其实女人是一种有很多优点的动物，但是女人又是永远受困于自己的动物，很多人不敢在像我这样的年龄还不结婚、不敢走出让她不幸福的婚姻，因为她觉得自己年龄大了不结婚或者离婚后选择性就很小，毕竟能够像我一直保持这种心理和外表状态的女人不多。

徐巍：这是很多人想向您请教的，您是如何保持自己的身材的呢？

刘晓庆：减肥的唯一秘诀就是少吃！还有我很喜欢运动，从小就很擅长跑步和跳远。我开公司以后的生活很不规律，经常在办公室一坐就是一天，后来有个医生告诉我这样不健康，建议我锻炼，从那时起我就开始坚持锻炼。先是游泳，每天游 40 分钟，而且我很喜欢打羽毛球，我觉得坚持打羽毛球对我保持身形很有帮助。我在巴黎住过两年，我发现法国女人都很注重自己的身材，反倒不太在意自己的皱纹，在中国是反过来的，女人最注重自己的脸，对身材的要求其实很低。

徐巍：中国女人的魅力期特别短。

刘晓庆：是这样的，反而男人的青春期很长。中国的女人结婚太早，自我意识还没有觉醒就结婚了。也许从小她会期待自己有一个白马王子，但是在三十岁之前她没有遇到这个合适的人，她就凑合着找了一个人草草了事，但是也许她结婚后，这个人出现了，但这时她已经失去了选择的资格。

徐巍：我觉得女人并不是为了拥有选择的资格才需要保持自己的魅力。不管你是不是结婚，多大年龄，你内心永远要提醒自己做一个有魅力的女人。

刘晓庆：不管对男人还是女人来讲，我觉得婚姻不是什么了不得的东西，因为你们两个人是完全不同的两个个体，婚姻也许能赋予你这样的权利，就是当你的老公跟另一个女人单独在一起时，你有权利把门踹开，对着他说你给我滚回家去，或者对着那个女人大骂一顿，但是这样的权利有什么美感呢？你结婚的对象从前与你素不相识，你们也没有任何血缘关系，结婚后你可以尽到你的责任，但是你没有任何义务为他 / 她失去自我，牺牲掉自己的一生。

徐巍：您觉得除了保持自我外，一个女人不论在爱情里还是婚姻里，能持续吸引男人的东西是什么？

刘晓庆：就是要做一个更好的自己！人人都喜欢非常优秀的人，其中当然包括外表。难道女人真的会喜欢那些腆着大肚腩、满脸油光的男人吗？对外表的看重是动物的天性。如果可以，尽量让自己看上去美些吧。

徐巍：正是因为很多女人在婚姻中失去了自我，尤其是不再追求做一个魅力女人，所以她们越来越没有安全感，所以她们会牢牢地抓住男人，而这种“抓”本身就很没有美感。

刘晓庆：对，这样就把婚姻变成了桎梏。比如我要是现在结婚了，我想去拍戏，我的老公告诉我你已经功成名就了，干脆就待在家里享受家庭生活吧。我可能因为婚姻的责任会答应，但是我会不快乐。本来我可以成为一个伟大的演员，也许就会被这样的事情给泯灭了。好多女人都是这样，被比她笨得多的男人毁掉了。

徐巍：我觉得在不断自我提升方面中国女人确实做得不够。我有一次在 Dior 的活动上见到莎朗·斯通，她走过时，一下子让她旁边很多年轻漂亮的女演员都黯然失色了，周围的男士全都被她的气场征服了。这种气场，这种生命的能量，我觉得中国很多女人是缺乏的。但您绝对是一个例外（笑）。

刘晓庆：我觉得每一个女人都可以做成这样。可能职业不同，你不一定非要有多么小的脸蛋儿、多么狠地逼着自己一天只吃一顿饭，但是你只要保持一种自我的精神，你就可以在你的领域里做得很好。征服世界真的不是只有男人，女人也可以！有人说女人靠征服男人来征服世界，错！你哪怕嫁给一个总统，你也不是征服了世界，你嫁给了克林顿，他也是照样有莱温斯基这样的丑闻。所以我不同意这句话，我认为女人只有靠征服世界，才能真正征服男人。

徐巍：很多女人觉得征服世界太辛苦，还是相夫教子容易些。

刘晓庆：经常在饭桌上会有女人听着男人们谈话，然后自己在一旁给他夹夹菜，剥个橘子，说“你要多吃点儿”“少抽点儿烟”“酒喝得太多了”……拜托，每个人都需要释放，你就让他去释放嘛。有的女人说，“夫妻就是一体的，是一个人”，我说，错，是两个人！怎么会是一个人？你们各个方面都不一样，你只有把你们当作独立的两个人，尊重各自的独立性的时候，你们的关系才是健康的，才能良性发展。

徐巍：对，夫妻关系不是什么“你侬我侬，你中有我，我中有你”。

刘晓庆：女人永远不要因为自己缺乏安全感就去约束自己的男人，越去约束，你的安全感就会越少，你们的关系越会趋向于恶性循环。一个男人在有钱的时候，他觉得你很漂亮，愿意对你好，你就此放弃了自己的事业、放弃了自我，等到他的事业进入低潮，没钱了，到时候你在他身边什么忙都帮不上，钱也拿不出来，也不会去挣，他也许嘴上不说，但是心里一定会对你产生厌恶。我说的征服男人，不是说让你们去正面冲突，也不是说你要凌驾于他之上，只是说让男人能够爱上你，他要爱上你，首先得看得起你、尊重你。

徐巍：我觉得越是有自我的女人越容易了解男人！

刘晓庆：其实男人在这个社会上是很辛苦的，他不像女人，有退路，男人必须奋斗，这是他唯一的路。所以我们应该更贴心、更睿智地去关心他们。当男人在事业上遇到挫折，这时他回到家里，你不能替他分担，甚至听不懂他的问题，那么男人很容易就去找别人，因为人都是需要倾诉的。

徐巍：虽然现在很多年轻女孩都很追求独立自我，但生活、职场压力大的时候还是会羡慕那些嫁了个长期饭票的“好命女”。

刘晓庆：嫁人当然可以，但是你不能失去自我！你是独一无二的，你能来到这个世界上多么不容易啊，为什么要为了另一个生命而放弃你的自我呢？你结婚了，是应该履行婚姻的承诺，尽到自己的责任，但是在这个过程中，你绝对不能失去自我。我一直告诉自己，我不能为了另外一个人全盘交出我的生活，我不能把我自己的人生依附在另一个人身上。如果你把自己的全部都依托于另一个人，那你失去他了，你该怎么活？你得给对方留出空间，给自己留出空间，这个空间不是说你们可以去乱搞，而是你得始终给自己留出一块天地。这些话可能听上去不怎么善良，但是很人性。

徐巍：我觉得这些是活到了一种境界的女人才会有的想法。

刘晓庆：我很小的时候就有这种想法（笑）。我最早跟我的朋友说这些的时候，她们都不接受，好像我把大家教坏了一样，但是等过了好久后，她们会觉得我说得很有道理。

徐巍：您经历过很多让普通女人羡慕的爱情，也经历过婚姻。您会觉得没有一个长久的婚姻是一种遗憾吗？

刘晓庆：我不觉得这是种遗憾。也许从常规的角度看，你看，一个孤老太婆，没有孩子，多可怜啊，但他们实际上并不知道我真实的生活，所以无法知道我真正的快乐。我喜欢自己的生活方式，我每天都有发自内心的开心。

徐巍：是这种激情让您不断产生能量的吗？我们看到跟您同时代的很多演员，她们早已淡出大家的视线了，但是您还特别活跃。您的这种能量究竟是从哪里来的？

刘晓庆：我的个性就是很喜欢做新的事，我做过很多不同的事，并且很享受那个过程，我不怕挑战。还有就是，我有种"精品思想"，我要做什么，就会想着一定要把它做成最好的，这种想法一直激励着我。以前有粉丝评价我说，"一直是刘晓庆领先于时代，现在是时代赶上了她"，我觉得其实中国的时代一直没有赶上我。（大笑）

徐巍：您的能量确实是一般人比不上的。

刘晓庆：谁都喜欢散发着能量的人。那种动不动就说，“哎呀，我这儿有黑眼圈，我最近身体不太舒服”……说着说着还掉眼泪，老是给你一种林黛玉感觉的女人没人喜欢。

徐巍：就像您说的：魅力不光是外表，而是一种态度！

刘晓庆：我一直觉得美丽和年轻是由内到外的。我之前在微博上说过，决定一个人的痛苦和不快的，绝大部分不在于他的境遇而在于他的态度。如果要比境遇，大起大落我经历过很多，但我看上去比较年轻的原因是我一直有种发自内心的快乐！而且我真的很善良，我很喜欢小动物，很喜欢遇到的人们，我甚至可以原谅那些曾经伤害过我的人，我不会去报复别人，因为我想用有限的时间去做更多有益的事情。我从没抱怨过那些在别人看来可能是很严重的苦难，我那么多房子都被拍卖了，但我有时看到了就会开玩笑地对身边的人说，“你看这以前是我的房子”，我从没为这些事情掉过一滴眼泪。

徐巍：您经历了这么多，但为什么能越挫越勇呢？

刘晓庆：因为我本身就是这样的人，这是我骨子里的东西，如果我是故意要去保持一种状态，我可能就不会这样了。而且，你不要去在乎别人对你的评价，也许他骂完你又跑去骂别人了，你还在原地自我烦恼半天，这根本没有意义。

徐巍：今天我在微博上说我要来访问您，有女孩子就问我说，晓庆姐经历了那么多人生的起起落落，她是怎么走出那些低谷的呢？

刘晓庆：因为我就没有走进去过！我以前做生意的时候很有钱，被身边的人前呼后拥着，每一件小事都有人替我做好，后来突然发生了变故，我一开始会哭会害怕，不知道自己的前途会怎么样，但是我从来没有绝望过。我重新给自己制定很多想做的事，这些理想也激励着我别倒下！我生下来就没有钱、没有名，到名利场上去转了一圈，再回到原处，体验一种不同的生活，这不正好符合了我喜新厌旧的特质吗？（笑）

徐巍：走出低谷开始很不容易吧？

刘晓庆：我一切从零开始。会接各种跑龙套的角色，比如丫鬟、老妈子……我站在很年轻的演员旁边演那种说“小姐，请喝茶”的角色，有时候她们都有点儿不好意思，我就说那有什么嘛，我能重新站在镜头前就已经很感恩了，我感谢生活给了我重新开始的机会。重新开始拍戏的第一年其实很辛苦，但是我能从一个镜头到两个镜头再慢慢当主演，我就很知足，并且很感激当时给我机会的制片人。后来我跟他们说：“我很感谢在我最困难的时候你们给我演戏的机会，让我能有买菜的钱。”我就是这样重打的江山。

徐巍：现在有些女孩，遇到一点儿小挫折就觉得大过天似的，您对她们有什么建议？

刘晓庆：其实没有建议，最好的方法就是当你经历过真正的挫折之后，你就会觉得，世界上除了死亡之外，没有什么不可逾越的困难。

徐巍：您在演艺圈一直都是给人很仗义的感觉，您的这种爽气是怎么养成的呢?

刘晓庆：你的视野一定要很长远，不能只看到表面，我要在这儿占一个小便宜，那儿动一个小心思，这样你永远不会做出一番事业。尤其是女人要在一个男性社会里打拼，就该有这种像男人一样的魄力。当然这种魄力可能会让你在一时吃亏，但那又怎样?大方向你把握住了就好。所以我可以说，我不是拯救世界的英雄，但我谨守正知、正行、正念，我的一生从未不仁不义、不善不正，对这一点我非常满足。

徐巍：有很多人觉得您的一生很传奇，您觉得自己是一个“传奇”吗?

刘晓庆：对于一个演员来说很传奇。

徐巍：我看过您出演话剧《风华绝代》里的赛金花，就觉得您像是在演自己一样。

刘晓庆：但是赛金花很趋炎附势，这是我不具备的。

徐巍：也有人说您很像中国的麦当娜，似乎一辈子都有使不完的能量!

刘晓庆：（笑）记得当时伊丽莎白·泰勒去世的时候，我就在微博上悼念她说："真可惜，怀念我们当年见面的时候。"第二天就有人说："跟伊丽莎白见面？你吹吧。"我就想，跟她见面有什么了不起的？那时中美电影几乎没有什么往来，我跟她见面还是当时给她的最高规格的待遇呢。（笑）麦当娜是很了不起，但她跟我是不同的路，也许我们的共通点是都很有生命力量吧。

徐巍： 您觉得您的心理年龄有多大呢？因为曾经有读者托我提问：她到底什么时候才会服老啊？（笑）

刘晓庆： 其实我不是不服老，等我觉得自己真正老了的时候，不服也不行。我现在所做的一切都是我可以做得到的，不仅做得到，我还有余力做得更好。不过人是该审时度势的，我觉得当银幕不再需要我的时候，我是不会去赖着不走的。要是从我的经历来讲，我觉得我有二百六十岁（笑），因为我演过很多人物，经历过她们不同的人生，而且我自己的一生也很丰富，加起来真的比一个人几辈子的经历都要多。

徐巍： 我特别佩服您的一点是，我们并不是因为某个男人而记住您，就是因为刘晓庆而记住刘晓庆，甚至觉得很多男人是因为你而被人们记起。这种大开大合的气势是您一直都有的吗？

刘晓庆： 这跟我本身的经历有关。我的经历从一开始就一直不是很好，我从音乐学院毕业就去农村当了一名普通的农民，后来又去当工人、当兵，后来又有很多起落，在这么多的锻炼当中，我就会慢慢沉淀出这种特质。

徐巍：在跟您谈话的过程中，我一直在观察您。您的眼睛看上去很亮、很纯真，还有您的这种激情特别感染人。虽然经历了这么多常人所不能想象的，但您似乎越活越纯真、越漂亮、越有激情，而现在可能在很多二三十岁的女人身上都看不到这种火花了。您是怎么让这种火花一直燃烧的呢？

刘晓庆：其实我本人一直是这样的，只不过过去媒体没有这么发达，大家没有这么多机会了解我。原本大家可能对我有很多误读，我有缺点，但不是他们所说的缺点；我有优点，也不是他们所说的优点。从小到大我一直觉得我心地很干净，我不丑恶，而且我会发自内心地笑，所以我的脸上就没有那种横肉（笑），大家在银幕上看到我就比较亲切。现在有了微博，刚开始大家看到我的照片会觉得我装嫩，也许他们想看到我老态龙钟的照片，但我拍不出（笑）。我现在坚持发微博还有一点是，我希望在微博上传递一种正能量，用我的方式告诉大家，女人可以这样活：你不用嫁钱、不用嫁权、不用嫁导演，也可以活得真实、活出自我、活得很快乐，我现在每天都过得很开心！

Editor-in-Chief of the lounge
总编辑会客厅

徐巍

六六

有选择权的人生才快乐

- 作为当下最受大众欢迎、表达最生猛的女作家，六六用她的《蜗居》《王贵与安娜》《双面胶》等一系列畅销书和改编热播剧，搅翻了这个世俗、焦虑的社会，造成鲜花与板砖齐飞。
- 到底是一个怎样的女性，可以把医患关系、婆媳大战、小三现象、蜗居现实……所有这些社会热点一网打尽，又一一切中大众的敏感High点？很少在杂志曝光的她此次来到COSMO的总编辑会客厅，以一针见血的观点、辛辣的语言与COSMO主编进行了一场关于女性职场、爱情、性的观点大对决！

（摄影：徐阳）

六六

原名张辛，安徽合肥人。1995 年毕业于安徽大学国际贸易系。1999 年赴新加坡定居，并以笔名开始在网上撰文。2003 年以小说《王贵与安娜》蜚声文坛，畅销代表作还有小说《双面胶》《蜗居》，随笔集《妄谈与疯话》等。由《双面胶》《蜗居》改编而成的电视剧更是创下收视奇迹，成为坊间热谈话题，将六六推入当下最受大众欢迎的作家、编剧行列。

徐巍：我是从《蜗居》开始关注你的，我其实很少看电视剧，朋友推荐给我，看后很喜欢。很多人像我一样对电视剧里的海藻角色印象太深了，她可以说是现在一部分年轻女性的代表。剧中探讨的小三问题、情欲问题、家庭问题很现实、很尖锐。但很多女性说，看多了这种影视剧对走入婚姻建立家庭会有恐惧感。

六六：这就是中国。国外的女性不存在这种焦虑感，因为社会制度的保障，国外很多女性不怕离异，因为离婚以后丈夫必须要付抚养费，直接从男方的收入里拨出去给女方，在这种情况下你才不用担心未来我的生活在哪里。而中国在这方面并没有保障。

徐巍：对，中国的婚姻制度保障比较差，再加上生活压力大、竞争激烈，所以很多女孩希望像海藻一样找个宋思明那样的中年成功男人。宁肯选择在宝马车里哭，也不要在自行车后面笑。比如她们很羡慕梁洛施太赚了，二十三岁就给豪门生完孩子，虽然分了手，但搞定了巨额赡养费，后半生不愁，多好啊！

六六：我觉得她亏大了。一个女人如果有能力一直坐在宝马车里，她肯定不愿意离开对不对？是什么原因使她不得不离开呢，就是她在这段感情里根本没有掌握主动权！就算是付出身体和孩子的代价，对李泽楷那样的男人和家族，梁仍没有任何筹码可以对抗，这很可怕。

徐巍：也许有人要说，我不需要筹码，我只要付出我的代价，得到巨额金钱就可以了。

六六：我说个最简单的道理，20 世纪 80 年代，一家人一年能存 100 块钱就叫富裕了，900 块钱的雪花冰箱要 5 到 6 年的存款才买得起。再看看今天，在北京 300 万元根本买不到好房子，一台冰箱的价格可能只是普通人月收入的五分之一。你看看社会的变化是个什么概念？就算梁洛施得到巨额赡养费是真的，也只是现在看来够多。我觉得，羡慕她的女孩们对钱根本就没有概念，而且对自己的定位也不准，根本不知道自己的价值在哪里。

徐巍：她们会说：我年纪轻轻，怎么知道自己未来的价值呢？

六六：梁洛施走的时候为什么英皇不放？英皇跟她有 10 年的合同，后来她两年半就买断了。同样类比华谊跟李冰冰的合同，刚开始也许也是九一分成，这样公司才肯做你，但 10 年以后李冰冰自己什么身价？从这点来讲，梁洛施的未来凭自己的本事也许是挣得到的，一个挣得到的女人却提前了 10 年把这个价值支取了。李冰冰和她的区别在哪里呢？李冰冰可以掌握自己的人生，梁洛施可以吗？她已经是 3 个孩子的妈妈了，而这 3 个孩子是在没有父爱的情况下让她自己独立抚养的。所以，一个女人真的不是有了钱她就解除了所有的后顾之忧。

徐巍：好多年轻的小编都觉得钱能够搞定一切，更何况是 10 亿港元。

六六：我这么跟你讲，在我自己二十三岁一生中最年轻最漂亮的时候，我认为我这一生赚 50 万就够了，但可能我三十三岁时，50 万只够我一个月到两个月的花销。所以说不要低估自己的人生价值。

徐巍：我很认同！记得那次跟杨澜访谈时，她说了一句话：正因为我们爱自己，我们才要不那么现实，要把眼光放得长远一些，LV 包迟早会有，不要为它牺牲人生中更重要的东西。

六六：她的观点跟我完全一样。女性的价值在哪里体现？不是在年轻美貌上。电影《黑天鹅》里的那个舞蹈教师六十岁左右，身材 Perfect，样貌 Perfect，举止非常之优雅，但当她转身面对学生教授舞蹈的时候，身后的皮松到坠在腰带后面。也就是说一个女人，整得再年轻，再像三十岁，都不会保持年轻时的全盛状态了，所以投资自己，不把自己的价值拴在男人身上很重要。等你拎上 LV 包包的时候，别人买给你的跟你自己赚钱买的，带来的满足感是不一样的。就像一个爱你的男人跟你做爱，和你跟工具做爱是截然不同的感觉。如果你有可能得到爱情，为什么要享受工具呢？

徐巍：有的女孩会这么想，提前透支青春，换来的是后面的衣食无忧。

六六：这只能说，人无远虑必有近忧。我一直坚信一个理论，一个人的幸福和痛苦总是相等的，就像是个太极圆，这边多的时候那边就少，你年轻时支取幸福多了，年老的时候必须为之付出代价。好多 80 后跟我说我们好悲催哦，轮到我们上大学自费了，轮到我们工作不包分配了，轮到我们买房房价又贵了，轮到谈女朋友的时候要隔代睡了（笑）。但想想看，生在 70 年代的人，小时候想得到根彩色铅笔还得是全班第一呢。再看我父母的生活条件，我跟爸妈说，你们太幸福了，不用干活，国家养着，不用担心物价上涨，我肯定没有你们幸福，我又没退休工资。我爸妈听完就说了一句话："你上山下乡过吗？你种过 10 年稻吗？你知道牛粪怎么才能变成柴火吗？我们年轻时候的苦受完了。"听了他们的话我就平衡了。

徐巍：哈哈，但一些年轻女孩会说，我只要找一个有钱的男人，不就是忍两年吗，钱到手后我就走。她们会觉得这是很 Easy 的事儿。

六六：我跟你说，做这件事留下来的心灵创伤，他给你的所有的钱都补不上。为什么呢，你的青春多贵啊，他的钱明天还能赚，依然还会有女人像你一样躺在他身边，可你的青春只有一次啊！你最漂亮的时候，最该享有爱情的时候，只有一次啊，过去了再也不会回来，那些钱根本补不上。有些女孩老觉着用青春换这些东西是可以对等的，那是因为她觉得青春太富裕了，当你发现青春一点儿都不富裕的时候，你就会觉得吃亏吃大了。

徐巍：青春只有一次，人生也不能从头再来，该如何把握住自己的人生呢？

六六：一个人在什么年纪就要干什么事儿，这是顺应动物性要求的。人在十七八岁进入青春期，有性能力了，该恋爱就要恋爱，不要去限制。结婚最恰当的年龄应该是二十四五岁，很多人说我这个时候还没有事业基础，但我告诉你，等你有了的时候，就不想踏入婚姻了。我有个女朋友今年快四十岁了吧，和我说没有结婚的冲动。我说结婚叫无知者无畏，我只有二十四岁才会结婚，你叫我三十六岁再去结婚，死都不肯。年轻的时候觉得，什么天地我不能改造啊，什么世界不属于我啊，男人即使是个金刚钻，我也能给他磨成个小铁球放在手上。但到三十六岁你就知道了，改造世界、改造人是很难的，唯一能做的就是改造自己，让自己适应这个社会，到这个时候，再让你结婚，你哪里还有动力啊。

徐巍：可有一些心理专家认为，人在年轻时不了解婚姻，所以应该多谈谈恋爱，不要太早结婚。

六六：慢慢谈恋爱可以，但为什么剩男剩女越来越多？就是你错过了婚姻最美好的时间，以后再想找就困难了。结婚最早的原因是生理冲动，你需要合法的性伴侣、稳定的性关系。年轻时精力最旺盛需求强烈，这种生理的本能掩盖了很多你看不见的缺陷。年纪大一些，动物性开始回退，人的文明性、理性在上升，你就很难有结婚的冲动了。

徐巍：可很多二十多岁的女孩子不甘心啊，我为什么要跟这个和我一起打拼的人在一起啊，他没房没车，什么都没有。

六六：但是当你甘心的时候男人就不甘心了啊。

徐巍：对啊，怎么办呢，这个怪圈没有办法解决吗？

六六：除非这个社会的心态改变。现在中国社会的畸形不代表世界社会的畸形。是，在美国的确有富豪旁边傍着小姑娘，但这绝对不是社会的主流。整个社会的主流是符合生物性的，应该是年轻人在年轻的时候恋爱，在中年的时候发展事业，在老年的时候享受生活，你违背了它，后果很难承担。我跟你说，我现在手上攥了一大把三十岁的剩女。

徐巍："剩女"这个词就是 COSMO 提出的，后来成了社会热词。今天我们在反思，"剩女"这个概念不好，会让女人觉得自己是被挑剩下的。

六六：可这是事实啊，有几个女人是永不跌价的爱马仕啊？

徐巍：我觉得人一方面确实应该按照生物钟走，顺其自然，不过另一方面，如果真的嫁不出去也不能觉得跌价了，要更加好好修炼自己的女性魅力。中国以前老是强调女性在这个生物钟里，怎么做别人的女儿、别人的妈妈，对中间作为女人的阶段，反而说得太少了。

六六：我在剧本里写过，为什么女性会有出轨的欲望，为什么女性总心有不甘，原因就是担负了太多的社会角色。我是作家、母亲、妻子、女儿、儿媳，这些定位都是社会角色，没人把我当成一个自然的女人。中国这个社会尤其残酷。我有个朋友嫁给了老外，她说，嫁老外以后就再也不想跟中国男人睡了，原因和床上功夫没关系。她说，他特别会赞美我，每天起来都跟我说"My sweetheart，my darling，you are so beautiful"，经常给我买礼物，其实我不在意那些礼物，可我知道他在意我啊。虽然美国男人一样狠心，踹你的时候还不如中国男人呢，算得很清楚，但好在我享受过，你享受过吗？我一想，我是亏了（笑）！

徐巍：是，美国版COSMO的核心理念就是女人要"性感"，而中国女性从小到大从来就没有过这种教育。尤其是穿衣打扮。

六六：就是不讲究，没有审美学。我们的教学里缺少这一点。欧洲女人有，美国人也不行。欧洲有那种宫廷文化，欧洲上流社会的文化对人的影响特别深刻。尤其是法国，女人太重视修饰自己了，把在街头喝咖啡都当成时装表演或自我展示。我是口渴了穿着小拖鞋进去买一杯，她们不是，都挽着个小包，穿着一看就是价格不菲的套装，还戴着小礼帽，其实也就是在那儿坐着，一坐一下午。

徐巍：哈，我做了十年《时尚·COSMO》，有人问我最大的收获是什么，我说学会了臭美（笑）。

六六：中国女人没有把吸引男人当作一门学问来攻克，会觉得女性要端庄、要矜持，要等待别人来追求，然后说“你不能爱我的肉体，你要爱我的精神，爱我的肉体就是流氓”（笑）。因为文化的限制，现在我们还不敢大大方方地和男人说，“你首先要爱我的肉体”。在美国社会，女孩会问：“你喜欢我的眼睛吗？你喜欢我的乳房吗？你喜欢我的腰吗？”女孩子问这些觉得很正常，中国女孩就问不出。比如虽然我从小就觉得我的胸很漂亮，但就是不好意思说，只会问“你喜欢我的文章吗”（大笑）。

徐巍：哈哈，太有趣了，你觉得东方女性这种固有的心态是不是挺难改变呢？

六六：也没有，东方女人到了美国之后，美国女人恨得牙痒痒，因为市场被侵占了，亚洲男人在争抢，白种男人也争抢。为什么呢？因为第一白种男人觉得你有神秘感，你含蓄嘛，你让他猜嘛。第二是那种柔弱感、温柔感。尤其是美国女性身材比较高大健壮，不能让男人有依恋的感觉。为什么我们中国女性的花季这么短？除了自身的原因，也跟没有人呵护你没有人给你浇水有关系。以前有个童话故事叫《幸福的种子》，怎么样使种子幸福生长呢？就是每天给它唱赞歌，然后这颗种子就会开花开得很漂亮。我觉得女人就是这样一颗幸福的种子，但奇怪的是在中国，人家都是希望你给人家浇水，给人家施肥。中国男性很奇怪的一点是需要呵护，比女性娇弱多了（笑）。

徐巍：是，一方面，中国男人好像就缺少这种呵护、赞美女人的文化。但另一方面，我们不能总责怪男人，中国女人也要时刻提醒自己，你可以变得更美好。

六六：中国没有给这种文化以根基，所以很多女人都不知道自己可以更美好。你知道优雅是怎么来的吗？优雅是养出来的，不急不躁，没有工作压力，没有催促，随着年龄的增大，心态又很好，又不缺钱花，自然而然就优雅了。你说你每天赶着上班不能迟到，迟到了就扣奖金，回家还得给孩子做饭，保姆天天跟你算计，这样的女人怎么优雅？那天朋友们说，什么样的爱情是优雅的爱情，安娜·卡列尼娜在站台上跟那个男的吻别吻了半个小时，我说那肯定不是在现代社会，现代社会动车高铁一分钟就开走了。

徐巍：所以女人再忙都应该训练自己，每天哪怕抽出一个小时让自己的生活慢下来：读读书，听听优美的音乐，品品咖啡喝喝茶，我不觉得这是无法做到的。

六六：10年前在新加坡的时候，我二十多岁，给人家做家教。我特别羡慕那些韩国、日本妈妈，下午我忙着给孩子教书的时候，人家在游泳池边躺着，烧烤、游泳、晒太阳、聊天、喝花茶，当时我就想，我什么时候能过上这样的日子啊？三十多岁的时候，我跟她们就完全一样了，因为我有足够的条件了。

我如果每天还要上10小时的班，哪里有空去游泳去喝花茶呢？所以说经济基础是个很好的保障。

徐巍：有钱还得有气质，这也是靠修炼出来的，有的女人四十多岁仍然男朋友不断，有的女人就算二十多岁也不一定有人追求。

六六：有些女性天天在那儿坐着，就会吸引男人来跟你搭讪；有些女人再左顾右盼、东张西望，都不会有人来搭讪你。所以魅力是被训练出来的，魅力是要养出来的。

徐巍：我觉得独立的女人有一种特殊的魅力。

六六：只有你和男人平起平坐的时候，他才不会“把玩”你。“把玩”是一种临时状态，人最恒定的、最长期需要的状态，还是依靠、信任、心灵相通、打打拼拼、相濡以沫，这个状态会很持久。

徐巍：很多女孩认为自己年轻，有权利要求一个男人给她舒适的生活。

六六：有这种想法的女孩子，是因为年轻的优势感吧，输得起，但这种感觉维持不了几年。你看女人到了二十九、三十岁交界线的时候，这个感觉立刻就没有了。人现在的寿命都变长了，你这种感觉能维持3年？5年？5年只占人生很短暂的一部分。而且老想着找个男人给你好生活的话，要知道他可以给你，也可以给别人。

徐巍：对，人生最悲惨的就是当你无路可走的时候，你已经没有办法选择了。

六六：让自己有得选很重要。一个女人自立自强的原因不是个口号，而是现实的需要，知道在你被抛弃的时候你有选择的权利，或者不是他抛弃你，而是你抛弃他，在你想抛弃他的时候你有这个能力。权利我一定要有，我可以不一定用它。关键就怕你没有选择权啊。

徐巍：有很多女人到一定年龄就没得选了。

六六：我曾经有段时间婚姻很纠葛，有人就很同情我，在我这个年纪的女人，大部分人的眼光是同情的，竟然网上也有很多人跟我讲，给你介绍个对象吧，你不要老一个人单过着，对身体不好。我说你咋知道我没有人哪！（笑）我跟现在很多单身的女孩说，你不结婚可以，你完全可以选择现在的这条道路，但是你不可以没有男人。

徐巍：中国一些传统女孩会觉得只有大家有爱、朝着认真的关系发展才能跟他上床，她们常常讥讽那些跟别人一夜情的女人太随便、太放荡。其实我觉得，你可以选择适合你自己的性关系模式，但不要对别人的妄加贬损。一个女人选择一夜情或性伴侣都是她的自由。

六六：我觉得不爱也没有关系。如果大家都有需要，他又是个好人，你信任他，他不伤害你，作为性伴侣相处会更轻松，为什么不可以？不一定要以婚姻为背景啊，也不一定以爱情为前提啊。而且，性本身就是愉悦的。你如果总把性弄得那么紧张，那谁都不愉悦了。心态好的女孩到什么年纪都会有男人追。心态好就是，你放松，你不 Push（催逼）别人。人生往往是这样的，你不 Push 别人，别人就会来 Push 你，这是一定的，到时候面临的可能是你不想结婚，人家求得你嫌烦呢。

徐巍：中国女人很容易在一段感情里丧失自我、丧失好的心态。我有一个女朋友，四十多岁了依然很有魅力，她说，无论在什么关系里，我永远不会让一个男人觉得他完全掌控我了，我内心深处永远要保有我自己。

六六：为什么我觉得自己现在处理婚姻关系处理得比较好，小时候觉得爱上你就要死心塌地，要贱贱地对你好，甚至因为爱上你都愿意做你的妈。中国有一个词叫“新娘”，女人天生就容易这样，从结婚起就把自己变成妈了，那还怎么指望自己独立、漂亮、有魅力？

徐巍：可有些女孩太要强了，丧失了感知爱情最动物性的一部分，找男人变成了 HR 面试。

六六：两性天生有一种叫化学的反应，跟你的所有物质条件和外在环境没有相干，就是荷尔蒙，闻到味儿了，气质对了，就想跟你睡，就这么简单。气味太重要了！用一种世俗的标准把感觉刷掉的女孩子是不会享受的！

徐巍：好多人看你的《蜗居》时，都会怕过海清演的姐姐的那种生活，每天为柴米油盐算计，有些女孩会问：在这种穷日子里面打滚还有什么快乐呢?

六六：这样的人生才是正常的人生。从正常的道理上讲，从整个世界经济的发展来讲，任何一个国家任何一个社会，人最富裕的年龄都应该在四十到四十五岁之间。当然富二代年纪轻轻住豪宅那种不算，不要把不正常当成正常。

徐巍：所以年轻女孩一定要有一个长远的眼光。

六六：我到中年之后，最大的快乐就是特别想气死那些小三儿们，我有选择权可你没有。因为我的人生是我自己经营的，我今天得到的一切都是我自己打拼来的，我在任何时候都可以大笑着离开，你就不敢。我甚至敢讲，再过 10 年、20 年，我都可以舍得大笑着离开。

徐巍：我们应该给中国年轻女性一些鼓舞。在中国经济飞速发展、人们极度崇拜金钱的社会现实下，中国女性的独立精神在倒退。

六六：其实不是，我觉得大多数女孩很独立，但是她觉得渺茫，因为社会没有给女性独立太大的空间。女性想往上走，走到像你和我这样位置的不算多，走到杨澜这样地位的就更少啦，你用少数人去激励她们，她们当然会觉得你们什么都有了站着说话不腰疼!

徐巍：这么讲的话，我们今天谈的这些话题又好像没有任何意义了。

六六：非常的有意义！我们为什么要看历史，因为历史是我们最好的参照物，你会发现每一代的历史，无论社会怎么进步，故事是永远的重复。你看不见的未来，书会告诉你，走过来的前辈会告诉你，社会往前滚动的历史会告诉你。你只要自己一步步努力地、踏实地、进取地往前走，你所向往的一切你都会有。

徐巍：我们在二十五岁的时候都一样迷茫。

六六：每个阶段都在重复。我很高兴的一点是，我到 80 岁的时候，我过过二十五岁，所以我知道二十五岁是个什么样的心态，可是二十五岁的姑娘不知道八十岁什么样子，就像王朔那句话：谁都年轻过，可你们老过吗？哈哈！

徐巍：所以人在年轻的时候，一定要广纳博收，从别人的人生经验里汲取有益的东西。

六六：从二十五岁开始，女性的相貌、身体状况就一直不停地往下衰减，不可能再回归了，但有一样东西永远会增长，这个东西叫智慧！吸引人的因素很多，男人爱女人有无数种理由，相貌只占其中非常小的部分，只是惊鸿一瞥，此外还有性格、谈吐、教育背景、智慧、通达、独立。相貌失去的时候，你有很多东西可以弥补。所以我太高兴我选择了现在的人生。我当时也是有两条路可以选择的，一是二十岁的时候嫁给有钱人，我们当地最有钱的土财主；一是找一个自己喜欢的人，一无所有，一起奋斗。现在回头想想看，亏得我选择了今天的道路，才有了今天的我。

徐巍：我也是啊！我今天当《时尚》杂志的主编，最想跟女孩子分享的就是，你们有的这些想法我年轻时都有过，不过走到今天我最开心的就是，我没有把我人生的主动权交给别人。

六六：我觉得“时尚”除了和外表的装扮有关，还包含有精神时尚、心灵时尚等各方面的内容。因为现代女性面临的问题绝不只是有钱就能解决的！

徐巍：这也是我们杂志的追求！谢谢你精彩的回答！

PART 04

做一块
桃花磁铁

Sexy till I die! 从十八岁开始，做一块桃花磁铁！

十八岁是一个成人的年纪，中西方文化都有在这个年纪为孩子举办“成人礼”的习俗。所谓“成人礼”就是在少男少女年龄满十八岁时举行的象征迈向成人阶段的仪式。说实话，我完全不记得自己的十八岁生日是怎么度过的，但我真的很希望中国能够延续目前在西方仍很流行的“成人礼”仪式：不仅因为这个年纪是女人身心成长的一个重要转折点，更因为它从形式上让女人提醒自己：从这一天开始，你就要从“女孩”迈向“女人”了！

哈，女人？十八岁的你是不是听上去觉得这个词好恐怖？其实一直认为所谓成为“女人”不是以什么身体破处为标志的，而是你开始对自己的性别意识有觉察，你开始注重打扮，追求自身的性感魅力，你越来越希望自己在男人眼里是独特的、有女人味的……说白了，“成为女人”一个很重要的元素就是《时尚·COSMO》一直大力张扬的——“性感”意识的觉醒！

一直觉得中国女人的“性感”意识觉醒很晚，从十八岁开始乃至三十岁前我们很长一段时间都喜欢浸淫在少女情怀里：纯真、浪漫、乖巧、可爱……于是在中国的大学校园里，你最常见到的是乖乖女和假小子，而在西方的大学校园里，爱打扮会调情的西方女孩已经让你感受到扑面而来的青春性感魅力。前一段我回大学做演讲，一方面看到那些青春充满朝气的面孔觉得很亲切很可爱，另一方面又恨恨地想：她们怎么就不看看《时尚》杂志学学穿衣打扮呢？大多数人穿得毫无特点，有些人穿得乱七八糟，更有些人头发乱糟糟油腻腻……白白辜负了她们的美好青春年华！

“喂，你这个主编做出职业病了吧？想卖杂志想疯了？我们是学生，最重要的是学习，哪有时间哪有钱穿衣打扮？再说你上大学时难道不也是土得要死吗？”你是否心里抗议了？这次为了操作我们本期纪念刊专辑《和 COSMO 一起过生日——穿越回我的十八岁》，我在家翻箱倒柜地找自己十八岁时候的照片。嘿嘿，不瞒你说，我觉得那会儿的自己真的挺土的，不过我发现我倒是挺“敢”挺“作”的：烫过爆炸头、剪过超短发，一直走在“臭美”的路上。今天，当我做了 16 年《时尚》杂志再回头看看当初的自己，我多么希望那时的自己不仅仅“臭美”而且“会美”啊，没皱纹没肚子没赘肉——如此的青春大好年华难道不应该尽情地放肆地美上一把吗？谁说学习是唯一重要的事？“臭美”是女人一生最重要的事业之一！谁说非得有钱才能穿得好？那永远是懒女人为自己找的借口！

曾经几次在卷首语里感慨：中国女人的性感魅力期实在太短了！从不解风情的少女一下子就滑向妈妈式的妇女，中间作为对男人有性感吸引力的熟女阶段可能也就 10 年甚至更短！

记得有一次朋友聚会上，一女友大放厥词：“女人的魅力不在于有多少男人陪她过青春期，而在于有多少男人陪她过更年期！”此观点在我们闺蜜里炸开了锅：“哈，能混上一个一起到老就不错了，还几个？”有男闺蜜说：“我们陪你们喝酒陪你们聊天。”我们说：“不一样，我们说的不是哥们，而是把我们当女人看的男人。”男闺蜜说：“呵呵，不老实，都有老公了，还想着别的男人？”于是一路争论下去……为什么不可以有男友有老公之后还想着别的男人呢？无关外遇，那种偶尔调调情的快乐让你时刻提醒自己——你仍然是一个女人！你要永远让自己保持最好的性感的状态！曾在《法国女人这样爱》里看到一段话：不管你生命是否已经有个男人在陪伴你，从现在开始，请试着转换你的生活态度，试着想象你的爱情在转角处等着你！——深以为然！

几年前，曾经在上海外滩 Dior 活动上近距离看见莎朗·斯通，那保持完好的身材，那自信的魅力，那优雅的姿态，当她从我们面前走过时，很多人都屏住了呼吸：虽然她已经五十岁了，但如果我是男人，我还是想要她！那种性感的魅力真是无敌！

据说莎朗·斯通的智商指数 160 以上，谁说有脑子的女人就不可以同时拥有性感的身体？本期在跟陶子客座访问时，突然发现这个聪明机智的女人有很 sexy 的另一面：她眼角吊吊，时时散发着勾人的风情；软语莺声，观点却很麻辣犀利；足蹬 10 厘米红色高跟鞋却可以很帅气地摆一个 Pose……好一个鲜活而灵动的女人！她的观点也很 COSMO：女人，要做一块桃花磁铁！

虽然我们再也穿越不回当年十八岁的自己，但我们可以在自己的余生无论是四十八、六十八、八十八……好好把自己修炼成一块越来越有吸引力的桃花磁铁！

Sexy till I die!

请叫我女神！

时尚杂志是给谁看的？那天和几个部门里新来的女孩讨论起这个话题。

GIRL 女孩？——是的，不过这叫法太没气场。

WOMAN 女人？——Oh，拜托，我有那么老吗？

QUEEN 女王？——嗯，听上去有点高冷（高贵冷艳，贬义）。

GODDESS 女神？——欧耶！

……

不知从何时起，女神成了一个流行词。当红的电影明星全智贤、高圆圆被广大粉丝封为“国民女神”，学校校花、公司司花也被封为各路“宅男女神”。连现在面对女性市场的广告语都改了，以前你赞美一个女人：你值得拥有（此处非软广植入）！现在干脆夸死人不偿命：你就是女神！

好吧，我承认，以上言论不是我的，来自微信上疯转的，据说是 90 后创业者马佳佳在中欧商学院的一个发言报告。她说新一代女生的标志就是：傲娇、难搞。作为面向这些用户的品牌，你需要做的就是：夸她！夸她！夸她！

真是这样吗？讲几个发生在我们编辑部的真实的故事。

“老大，你知道吗？我那天买过一个cc霜，就是因为超爱它的名字：女神cc霜！”

说这话的是我秘书，90后人士。

“我能去拍玄彬吗？我从来没跟他表白过，他好可怜！”

说这话的是我们部门脑残粉、自称“玄夫人”的娱乐编辑，80后人士。

“这是你的背影吗？腿真细！”面对某男士的微信朋友圈夸赞，当然必须接招：“还长！！没拍出来！”

说这话的是我，主编，90前人士。

……

哈哈，看到这，你是不是对我们杂志刮目相看——COSMO全是女神啊！！！

作为主编，我还真心研究了下“女神”的来龙去脉和内在精神。

“女神”最早的定义是“女性的神明或至尊”——这定义显然太脱离于时代。

“女神”是恋爱中的男人对挚爱女人的崇拜称谓——天，这应该只存在于莎翁电影里吧？

“女神”是粉丝对偶像的称呼——靠谱。普天之下尽是男神女神。

“女神”是屌丝眼里可望而不可即的女人——日本“宅男女神”就是从这来的吧。

……

说了半天“女神”的定义，其实，归根结底，女人之所以愿意被称为“女神”或成为“女神”无外乎四个理由：

首先，美！就算不是大美女起码也要爱臭美更要会美。黄脸婆女人就算再优秀也跟“女神”二字无缘。

其次，强大！女神得有气场，有强大的内心，征服你而不是取悦你！

再次，一辈子修炼！女神是不老的传说，要一辈子内外兼修，不因岁月而凋零。否则当年跪拜的屌丝只能狂呼：额滴神哪！

最后，少点进攻性！女神不是女汉子！

说实话，就这最后一点，跟时尚圈有点不搭。时尚人一直走的都是高冷范，不信你看看国际大牌广告里的女性形象，再看看时尚杂志里的时装大片，拒人于千里之外才是时尚人本色。

不过，这最后一点倒很符合 COSMO 精神（其实前三点更不在话下）。女人要强大，但女人终归是要让男人爱，而不是让男人怕的！

什么？这太不高大上了？

没办法，COSMO 女郎也不能什么都比别人强啊？（此处呈傲娇状。）

好色价值观

3月，COSMO推出了双封面，创刊以来少有地采用单一男星当COVER MAN！而这个男星就是Wuli（韩语发音，我们）女花痴皆爱的男神——韩流巨星李敏镐！

PK掉了好几本国内大刊，COSMO争取到了李敏镐的独家拍摄！本来跟对方经纪人说好亲自去韩国探班的，并享受可以“勾肩搭背”的主编特权，无奈各种原因去不了，作为粉丝痛失与大长腿的见面机会！此次错过绝对入选我人生迄今为止最遗憾TOP10之一！

话说一众办公室花痴女编辑，朋友圈闺蜜听说我们去韩国拍摄的消息，纷纷四处打探，各种不害臊表白：“是我的敏镐欧巴？”“我要自费去当助理！”“我能代替你去吗？反正他也不认识你……”哈哈，突然发现，现在真是好色女一代啊！

在卷首语里写这些是不是有些丢脸？作为主编，我应该给大家呈现的是优雅端庄起范儿的卷首语形象啊，怎么可以像个花痴神道的Azumma（韩语大婶）呢？不过说心里话，装是给别人看的，我内心很骄傲自己是个花痴呢：好色之心不死！好色已是我树立的坚定不移颠扑不破的三观（世界观、价值观、人生观）之重要内容！

而且我发现，周围好色女越来越多，上至四五十岁职场女精英，下至十几二十岁青春美少女，大家在公众场合谈起什么男人的六块腹肌、人鱼线这些敏感话题，都是脸不变色心不跳的，让你感慨：男色时代终于来了！

真的来了吗？哈，我倒觉得未必。虽然嘴上什么都敢说，真正“好”起来很多女人还是不敢动真格的。倒不是鼓励女人见色起意，而是探讨“身体的快乐”在中国仍然是一个上不得台面的话题。无数口头自称好色女、女流氓的女人，在面对男人的钱和男人的色时，多数的选择还是前者吧。其实这也很正常，钱能给我们带来安全感，而色呢？简直太不安全了！

不过，我觉得人生有一点点不安全感其实挺好的，因为不稳定，所以不懈怠，这样的人生充满了变数，也因此多了活力和能量。我总觉得中国女性也许因为不够自信吧，过于强调了安全感在爱情中的作用。其实安全感是你自己给自己的！因为不够安全，所以时刻保有一种紧张感，于是一直努力一直成长；因为舒适圈经常被打破，所以总能找到新的起点、新的飞跃，这样的人生才有趣，不是吗？打一个简单的比喻，你要好色，自己的色总不能太烂吧？于是时刻提醒自己要美要减肥要年轻……这总比一头扎进安全感的温柔乡之后，犯懒放松懈怠，变成无色可被好的黄脸婆要强得多吧？

好色绝对是一种价值观！

内心还是蛮喜欢真正的好色女，总觉得她们比那些看紧男人钱包机关算尽的拜金女多了些原始的活力和生命的气息！这样的女人有欲望、有激情、有生机，活色生香的，在今天物欲横流的大都会尤其难能可贵。

记得我在微信朋友圈里发花痴言论的时候，最得我心的是来自一个朋友很有意境和宗教味道的评论：不忘初心。

对！不忘初心！

下次，必须勾肩搭背！

每一天都应该美美地、性感地度过！

《时尚·COSMO》杂志会为每一个节日欢欣鼓舞并精心策划编辑内容，无论是情人节、母亲节、圣诞节、春节……唯独有一个节日例外——三八妇女节。

妇女?！一个听上去多么老土的词，提到这两个字，浮现在女人眼前的一定是一个不注意外表、满嘴婆婆妈妈、身材走样、对男人丧失吸引力的半老徐娘形象。“天哪，我可不要跟这个词挂上钩！我可不过什么妇女节！”无论青春美少女、年近三十的白骨精还是叱咤风云的女强人都在心里呼喊着。

我们为什么那么怕老？可能因为我们不知道如何优雅地老去吧。

记得曾经跟一个国内国外都居住过的华人男性朋友讨论过这个话题。他感叹说：二十多岁的时候，中国女孩和外国女孩同样年轻漂亮，只是中国女孩这个年龄段女人味大多在沉睡，走的都是或清纯或天真或可爱或假小子的路线，而国外的年轻女孩这会儿已经知道如何展现自己风骚性感的青春女人味；三十到四十岁左右的时候，中国女人明显比外国女人显得年轻，无论是皮肤还是年龄，也开始有风情，而外国女人则看上去皮肤越来越粗糙，皱纹越来越明显，感觉青春已逝；但四十到五十岁的时候，情况又反过来了，大多数中国女人只是“孩儿他妈”而不再是一个具有性特征的女人，不注意外表，对男人完全丧失吸引力，而外国女人却仍然注重打扮，风韵犹存，越来越有味道；五十岁以上的时候，经常在国外能看到打扮得很优雅很时尚的老太太一个人在咖啡馆喝咖啡、抽烟，让你感觉到一种岁月沉淀的魅力，而在中国……五十岁以上……还有女人吗？

他的话可真有点损，末了还加一句感叹：中国女人作为女人的魅力期太短了！

什么是“作为女人的魅力期”？我想了想他的话，可能他是站在男人的立场吧，指的是——一个对男人仍然有性（别）吸引力的女人——他把你看作一个有魅力、有味道的女人，而不仅仅是一个充满母性令人没有任何非分之想的孩儿他妈，也不是一个能干强悍得让人肃然起敬的职场中性人。

I'm not a girl, not yet a woman——我不是女孩，也不是妇女！曾经在网上看到过这句话。不要纠缠于女孩、妇女的字眼定义是否准确，有时候想想，很多中国女人就是这样度过一生的——从别人的女儿变成别人的妈妈，我们有多少时间是作为一个对男人充满吸引力的女人存在呢？

曾经有一次参加一个妈妈聚会，我的打扮招来了在座妈妈的调侃：“你打扮得哪像个妈妈样啊？还超短裙？还玩性感？”哈哈，当了妈妈为什么就一定要有妈妈样？再说妈妈样又应该是什么样？为什么当了妈妈就不能性感、风骚、妖艳呢？我可不想把自己套进什么妈妈样，我就穿我喜欢的漂亮衣服，我的样就是妈妈样。

我可以当妈妈孝顺的好女儿，我也可以当儿子的好妈妈，但我终生都要追求做我理想的自己——一个充满魅力的女人！我坚信这是一个女人一生的事业！我希望 COSMO 杂志也能肩负起这个使命：通过外在和内在的修炼，延长女人的魅力期！不是为了男人，是为了我们自己！

生命是一场节日。

每一天都应该美美地、性感地度过！

好女人是一本时尚杂志

好女人是一本时尚杂志?!看到这个标题，你或许愤怒了：“虽然你是主编，也不带这么推销杂志的，卷首语变杂志软宣了。天下人都知道——好女人是一本书!”

是吗？你有多久没买书了？你常看的是什么？网络？报纸？八卦周刊？时尚杂志？反正看的频率比书高多了吧？

好吧，你喜欢看书。那么遇到一本好书，你会看一辈子吗？我相信除非你是研究《史记》《红楼梦》的专家，大多数书也就看一遍吧。

你买的书是不是很多都放在书柜里没有看？因为你觉得反正属于你了，啥时候看都行。

你是不是更喜欢看借来的书？因为是别人的，所以觉得更好奇——他为什么喜欢看这本书？

……

我严重怀疑发明这句话的一定是一个男人，当我们这些“好”女人争先恐后地去做那本“书”的时候，他正躲在书柜的角落里偷笑呢!

所以，为什么不换个思路——好女人是一本时尚杂志。

首先杂志刊号不变，但内容常变常新！我一直记得当年一个办杂志的人告诉我的秘密："办杂志一定要让读者对你有依赖性，内容要勾着他，总给读者惊喜。虽然杂志不如书有深度，但让读者欲罢不能！"

其次杂志封面一定要吸引人！要有抢眼的色彩，有卖点的标题。封面就好像人的"脸"，第一眼感觉不好，里面内容再好人家看不到也白搭！

当然核心是杂志一定要有好内容！否则光靠一张脸吸引人，人家买了一期觉得上当就再也不买了。

什么是好内容呢？第一要够丰富，人物访问、时装大片、美容宝典、生活方式全都有，单一菜式再好吃也会腻。第二要够实用，毕竟读者买杂志是希望看后能受益的，高高在上不接地气一期两期行，长了谁也受不了。第三不能太实用。读者买时尚杂志还是希望买一种梦想生活，总是家长里短就太乏味太没劲了。

最后杂志一定要打造自己的"品牌"，有了品牌就不那么过分依赖封面了，就会有忠实读者。所以要做一本有长远发展的杂志品牌，光打造好封面、好内容不够，还要做公关、做市场，把品牌做强、做大！到最后，即使流失掉一些老读者，只要品牌在，就会吸引新的读者！

你这都教女人什么哪？把女人都教坏了！

哈，我就是不想做像"一本书"那样的"好"女人，而且顶不喜欢这样的论调，类似的还有什么"好女人是一所好学校"之类。看似把女人高高在上"供"起来，而且用"书""学校"这些很神圣的字眼形容女人，实则误导了多少"好"女人蔑视时尚不谈性感（在好女人的眼里，这些词和“书”、和“好学校”怎么能搭界呢？），忽视了更新自己的愿望和能力，于是那些看过“书”的男人纷纷从“好学校”里毕业了！

所以，好女人们，让我们坏一点，做一本时尚杂志吧——永远更新自己，有忠实的订阅者，也有被你吸引的新读者！

总之，永远畅销！

让别人越来越爱你唯一的秘诀就是让他们看到一个越来越好的你！

不知道你发现没有，在我们周围，有一类女人，不管年龄大小，都被比她小甚至比她大的男人女人统称为“姐”！这称呼关乎地位、关乎经历、关乎气度，很有点儿“大姐大”混江湖的味道。

被称为“姐”的自然不是一般人。

2013 年年初，我有幸见到了传说中的两位“姐”！

在奥迪媒体答谢音乐会上，我又一次见到了“那姐”——乐坛大姐大那英，并第一次聆听了她的现场演唱。唱得好自然无须多言，地球人都知道，印象最深刻的有三：

1. 有范儿，但不装。依然操着一口东北话（不像很多明星各种方言版港台腔），真实、自然而且幽默，把现场气氛烘托得极其热烈、充满欢笑。

2. 真心越来越漂亮！你会讶异有的女人真的是越活越美，越来越时尚范国际范儿，绝对逆生长！

3. 活开了！敢于在现场自嘲的她让我想起那姐好朋友李静的话：“那英特让我佩服的就是，她谈起自己过去的事就跟谈别人的事似的，心理特强大！”

心理特强大的另一位“姐”，当仁不让、无可置疑，就是经历堪称“传奇”的“晓庆姐”。

采访“晓庆姐”前，一众小编很担心：大姐大刘晓庆会不会一派女皇范儿？要求多多？极难伺候？颐指气使？……没想到晓庆姐非常平易近人，经历过人生大起大落的她俨然百炼成钢绕指柔。

来前一直猜测：晓庆姐到底像不像传说中的那么美？及至见到了，才发现岂止是美啊？除了面容姣好、身材妖娆之外，晓庆姐让人印象最深刻的是她银铃般的笑声（一点儿不夸张）、清澈灵动的眼睛（眼白少有的清亮）、充满激情的语言（我等自叹弗如），哪里像这个岁数的女人?！而晓庆姐对我一再好奇八卦地追问的关于年龄关于整容的问题不屑一顾，她说：“如果真要说‘青春不老’的话，我觉得更多的是我的态度而不是我的外表。”

听听晓庆姐的青春不老语录吧——

“谁说女人靠征服男人来征服世界？错，你就算嫁给了克林顿，他也是照样有莱温斯基的！”

“我认为女人只有通过征服世界，才能真正征服男人！我说的征服男人，不是说让你们去正面冲突，也不是说我要凌驾于他之上，只是说让男人能够爱上你，首先得看得起你、尊重你！”

“一个整天多愁善感、心理承受能力很弱的女人，她的面相不会有光芒。赋予一个美丽面孔以生气，就是光芒！”

“我一直告诉自己，我不能为了另外一个人全盘交出我的生活，我不能把我自己的人生依附在另一个人身上。”

“一个女人对男人持续的吸引力，就是做一个更好的自己！尤其外表真的是很重要的，如果可以，尽量让自己看上去美些吧！”

“女人不用嫁钱、不用嫁权、不用傍男人，也可以活出一个淋漓尽致的自我！”

……

哈，没有什么比这更好的青春不老药了吧?!

以上两位“姐”，真不算平常意义上的好命女，人生波波折折、大起大落，各种外界非议，各种感情不顺，甚至牢狱之灾……但她们最令人敬佩的就是——从来没有放弃过自己，并且不断修炼成为一个越来越好的自己！

如果说这个世界上有什么青春不老的秘诀，有什么让别人越来越爱你的秘诀，我唯一认可的答案不是无条件付出，更不是死抓住不放，只有一个——让别人看到一个越来越好的你，无论是外表还是内心！

在听音乐会的时候，我们在私底下猜测：“那姐多大了？”在采访晓庆的时候，一众编辑也各种争论：“晓庆姐是40，50，还是60？”

哈哈，这真的重要吗？答案如文章开头所言：姐，是不问年龄的！

不要迷恋姐！姐也从来不是传说！

既要温柔了岁月，也要惊艳了时光

2012年8月8日，《时尚·COSMO》十九岁生日。

生日自然会收到各种祝福，连带我这个主编也跟着沾光。那天就收到一个粉丝留言：《时尚·COSMO》是一本既休闲又可以给女性带来启迪的杂志。我很喜欢。你的文章我必看哦！非常喜欢你！一个女子的永恒的美丽我从你身上找到了：不是容貌和身材，而是智慧、内涵和气度。再次真心地祝福你！

啊?！悲催啊！为毛不是容貌和身材啊?！看到这个“流言”，我郑重对着镜子仔细审视了自己的容貌并把总挂在嘴边的减肥计划再次提上日程——永恒的美丽必须不能只是智慧啥的，得包括肤浅的容貌和身材啊！必须的啊！

那天在网上看到一帖：

年纪	女生喜欢的男生	男生喜欢的女生
16~25	又高又帅浪漫型的男人	年轻貌美的美眉
26~35	有钱又有闲的男人	年轻貌美的美眉
36~45	成熟稳重又体贴的男人	年轻貌美的美眉
46~55	爱家爱老婆的男人	年轻貌美的美眉

56~65 还有性功能的男人　　年轻貌美的美眉
总结　善变　　专一

虽然不完全同意男人只喜欢“年轻貌美的美眉”，但很认同女人因为自身生理条件（怀孕生子），安全感需求更强烈，所以对男人的社会属性要求更多，而男人对女人的要求更生物性更纯粹些。写卷首时正逢《画皮2》上映，主题很时尚：男人爱上的是你的脸还是你的心？——哈，你看，连女鬼都逃脱不了这困惑！

我曾经是一个很不屑于容貌身材这些肤浅命题的文艺女青年，一直以追求形而上的精神层次为人生最高追求，事业上越来越独立之后，更是像很多女白骨精一样喜欢骂男人是用下半身思考的动物，空窗期没人追没艳遇时只好自我安慰：唉，是我的优秀吓跑了男人！

直到一不小心做了COSMO主编并一做10年，被誉为女性“性感圣经”的它天天要探讨性感啊情感啊男人啊……我才蓦然发现：做女人是一门艺术，爱情是一桩生命课题，生命课题是不能靠MBA靠职场经验靠死读书甚至靠智慧来解决的。我吸不吸引男人跟我职场上优秀不优秀拥有多少个学位是不是主编不完全有关——一个职场上的成功者往往是爱情上的留级生。

当我们用“我们太优秀→男人不自信→所以没人追”的托词自我陶醉的时候，男人在一旁冷笑：“没有我们不敢追的女人，只有我们不想追的女人！”换句话说，女强人就没人追根本是一个伪命题！有风情的女强人照样有人追，没魅力的女屌丝再放低身段也不会吸引男人！

我们真的优秀吗？一个优秀的女人首先应该是一个敢于面对

自己真实欲望的女人，哪怕是肤浅的赤裸裸的欲望！呵呵，从这点上看我还是蛮优秀的：我看到那些特会穿衣服特会打扮的人，真是各种羡慕嫉妒恨，所以开始拼命修炼自己的时装品位；看到周围那些特有女人味特有男人缘的女人，我会暗暗留意她们说话的语调调情的方式；走在巴黎街头看到优雅的法国女人，我会观察她们拿烟的姿势、不经意的发型、慵懒的眼神，并思忖：法国女人很多非常强势，可为什么就那么有味道呢？……我不再逃避自己这些很不形而上的欲望，因为我知道它是如此真实地存在着！我也不再避讳在杂志上探讨性感话题，Why not？为什么优秀的我们要放弃修炼这门艺术呢？

前一段我们开读者座谈会，一个看了COSMO19年的老读者对我们说：我曾经是一个不太自信的小女生，是COSMO给我置入了一颗“爷们的心”。还有一个读者说：COSMO的口号是三F精神：Fun风趣、Fearless大胆、Female韵味。但我觉得应该是二F精神吧？我们本身不就是Female吗？

说实话听到第一个读者的话吓了我一跳：一贯以性感著称的COSMO杂志怎么变成爷们风格了？后来才明白，她指的是COSMO教给了她坚强和独立！好吧，让我们这些越来越坚强的“纯爷们”一起修炼更高段位的Female风格吧！生为女人（born a woman）与成为女人（become a woman）是两回事！女人身心的female女性感受是立体而丰富的，需要不断开发的！

就好像红白玫瑰中的两朵玫瑰——

一个温柔了岁月——用我们的智慧、内涵和气度！

一个惊艳了时光——用我们的容貌、身材、不死的风情和性感！

把一段编辑发给我的，不着调，但我很喜欢的贺词送给纯爷们＋Female的你——祝你年年都怀春，岁岁有暧昧，天天被人爱，时时有人追！性感屹立不倒，疯（风）骚永纯（存）于心！

亦帅亦风骚

不知从什么时候起，上至女明星女名人，下至女屌丝女孩纸（子），都喜欢自称“爷”，“你真二啊”也成了一句绝对褒义式的言语。爷就多次被闺蜜被下属夸奖过：“你怎么这么二啊！”然后两眼放光两手紧握：知音啊！

曾经在微博上发过一段文字：娘们儿外表爷们儿心的女人最性感！众粉丝对我此番言论纷纷发表评论：

“娘们儿外表≠女性打扮。得打扮得又风骚又优雅又时尚，修炼自己真正有女性魅力才行。”

“不能光风骚，太骚招女人恨，得又二又骚，男女都爱。”

……

哈，新时代审美真是颠覆啊！ 曾经，你是不是认为“骚”是贬义词？骚 = 低级、卖弄、犯贱……以前，你是不是认为“二”绝对是骂人？二 = 傻、缺心眼、愣头青……如果是这样，爷要在此正式为以上概念做出拨乱反正的解释。 首先，关于“骚”——“骚”绝对有“性感”的意味在里面！多少道貌岸然之士对“性感”一词讳莫如深，甚至心思坦荡的你被人夸“性感”还会多少有点不好意思吧？一直以来，中国好女人的标准是贤“妻”良

“母”，成为一个永远对男人有吸引力的“女人”从来不被认为是正经女人该有的目标。可，为什么不呢？ 我恰恰认为，一个丧失女性魅力的中性人才应该是今天的女性需要抛弃的形象！

其次，性感是需要散发的。骚 =Show（展现），无论你的内心是狂野不羁还是温柔似水，你都需要通过外表的 Style（风格）把它 Show 出来。乏味的着装、生硬的发型，即使你内心再丰富，别人（尤其是男人）连走近的欲望都没有。“骚”的较高境界不是“明骚”，而是“闷骚”。“明骚”多少有暴露、卖弄之嫌，而“闷骚”则不同——诱惑在有意无意间，性感在风骨而不是肉体！

“骚”的最高境界是有独立的自我做支撑，不是“取悦”而是“征服”！法国永远的性感宝贝苏菲·玛索，西班牙性感女神佩内洛普·克鲁兹，她们对男人的致命吸引力绝对不只在于外表的性感魅惑，而是那种骨子里让男人觉得难以征服不可把控的强势。一个丧失了自我的女人即使再性感，充其量也只是男人眼中用过即丢的“玩物”，而不是他们永远向往和追求的“性感女神”。

接下来，让我们再聊聊“二”——“二”是一种夸奖，“爷”是一种尊称，背后是今天的女人越来越对“装”的厌恶。为什么就不能放松点呢？怎么就不能偶尔冒点傻气呢？敢于自嘲、有点二的女人很真实很可爱，不是吗？

“二”姐身上体现的是一种大大咧咧的帅气。小肚鸡肠、纠结拧巴、为一点点事半天想不开的女人越来越被朋友远离。大家压力都大，拜托你就不能传递点正能量吗？

做到真正的“二”姐需要很高的人生智慧——笑看人生的豁达和勇气！绝对不是骂两句人、说两句脏话就可以蒙混过关的。

真“二”是一种境界！

本期COSMO两本杂志也是相当的穿越，这本讲“帅女孩来了”，那本讲“一学就会的调情”，弄得爷在写卷首语时差点把标题写成“又二又骚”（哈哈哈哈）。不过，为了不至让你看到标题愤而离去，为了不至让奢侈品客户因为标题觉得Low style（粗俗）而开始怀疑本刊的定位，我把它偷偷改了……唉，我离真“二”还差得远啊，必须加油！

最后，爷祝天下“二”姐们，永远，拥有一颗，“风骚”的心！

Editor-in-Chief of the lounge
总编辑会客厅

徐巍

陈愉

做个魅力女王

电视剧每天都在上演剩女脱单记，综艺节目换着法儿地为人相亲配对；大龄剩女忙着找寻自己的灵魂伴侣，20 岁不到的女孩就开始到处相亲忙着把自己嫁出去，一时之间，貌似全中国的单身女孩都变成了“恨嫁女”。但却有一个来自美国的华裔女人陈愉，写了一本书，叫作《30 岁前别结婚》。她告诉女人们，渴望爱与被爱是没有错的，但你不能幻想着白马王子脚踩七色云从天而降。在爱的体验里，我们需要去经历、去享受、去试错！与其坐等灵魂伴侣，不如自己创造一个灵魂伴侣；与其按照世俗的“正确”随波逐流，不如按照自己的方式选择自己的人生。

（摄影：陈东宇）

陈愉 国际知名的女性自由主义倡导者和作家。她也是洛杉矶的前副市长，目前受邀为《华尔街日报》中文版以及一些中国领先的时尚和生活理念类杂志撰写专栏。由她所著的畅销书《30岁前别结婚》横空出世，挑战了传统观念中把即将步入30岁的女性当作“剩女”的错误思想，并鼓舞这些年轻女性去实现自己的梦想。

徐巍：《三十岁前别结婚》这本书在中国非常畅销，您当时人在美国，为什么会想到写这样一本书给中国的女生？

陈愉： 我从小就希望做可以改变世界的工作，但当时做CEO、做猎头的工作，没有机会让我像之前做副市长那样具有影响力。于是我四十岁的时候开始写自己的博客 Global Rencai.com，内容是关于如何在国际公司中升职。刚开始，一个读者都没有，但慢慢地，这个博客成为了美国留学生最喜欢的博客之一。于是有出版社找到我，说中国现在特别需要一本鼓励女人的书，在事业与生活上都给出一些建议。最初我并没有同意，因为我觉得自己从小在美国长大，中文也没有那么流利，怎么才能了解中国女性的生活呢？可当我生下第二个女儿的时候我改变了想法：也许这本书将来也可以给我的孩子一些建议。所以趁着休假，我在博客上先发表了一篇博文，题目就是《女人三十岁前别结婚》，反响很好，甚至有一段时间我的服务器都被挤垮了，这也成为我写这本书的动力。

徐巍： 在美国的单身女孩也有中国“剩女”这种焦虑感吗？美国的华裔父母也会给子女这样的压力吗？

陈愉：我觉得因为美国文化程度提高了，让美国人对生活有更多的要求，自然就会晚结婚。虽然如果你三十岁还没结婚会让人好奇，但不会像在中国压力如此之大。可以说我一脚在美国，一脚在中国。虽然我在一个非常自由的地方长大，但是我的家庭却很传统，父母一辈移民很早，但也一直生活在狭小的中国圈子中，所以我可以从我的家庭中感受到一些这样的压力。

徐巍：很多人好奇您为什么三十岁还没有结婚？您在书里也写到，虽然有一份开心的工作，但有时候面对只有自己的屋子，会有一种空虚、寂寞。

陈愉：当然，在美国没有人会批评你是一个剩女，但原本在一起喝酒、玩闹、可以度过快乐时光的人渐渐地都结婚生子，当我成为唯一的 Single Lady（单身女郎）时，环顾四周再没有可以一起出去玩的老朋友了，所以这种压力大半来自寂寞。但对我来说，三十一岁到三十五岁的时候我是副市长，当时我完全没有时间去过普通 Single Lady 的生活，所以那段时间我几乎没有爱情。当我三十五岁的时候，成为了猎头，我觉得自己可以有爱情了。

徐巍：中国单女与美国单女很不同的一点是，她们很多人真的是“素”着，完全没有任何 Relationship（恋爱关系），没有 Sex Life（性生活）。中国流行一句话，“凡是不以结婚为目的的上床都是耍流氓”。美国的约会文化与中国不同，可以先约会，甚至有了性爱后再来谈爱与不爱，这样的约会方式在美国很普遍吗？

陈愉：毫无疑问，这正是一个女人成长的过程。无论是坠入爱河，或是普通约会，这就是我们成长的过程。虽然我们也会犯一些错误，但也正是如此你才会成长，才会学到新的东西。在中国，我听到过男人说“我要找一个处女”，我认为这是对女性的歧视。和谁上床，和几个男人上床，这并不会让我们女人失去自我，相反，正是通过和男人这样交往我们才能更了解自己，才知道应该怎么和周围的人打交道。所以有性生活是一个 Single Lady 很重要的过程，但这并不是不尊重婚姻。我与老公对于婚姻都非常忠诚，但在结婚之前都有过各自的经历，也因为有这样的经历我们更了解爱情是什么。中国好像太重视“性”本身，却不在乎性带来的快乐和性当中自己是谁，这些经历都会成为过去，但这也让你变得有趣。我认为，你是不是流氓只在于你怎么对待别人，与你的 Sex Life 无关。

徐巍：中国女性常常觉得如果上床了就应该导致一种很 Serious（认真）的关系，这与美国不同吗？

陈愉：也不是完全不同，只是中国女孩负面的想法会多一些。比如曾有个女孩说，她在一个陌生的城市遇到一个男人，两人花了三四天在一起，感觉非常棒，但当她回到北京再联系那个男人的时候却得不到回应，这让她很沮丧。我说那很好啊，你拥有了很棒的浪漫回忆、有趣的经验、很棒的 Sex，这就够了。他不愿意来到北京就是一个信息，说明他不是你的 Mr. Right，那你就去找自己真正的 Mr. Right 吧。

徐巍：因为感情经历少，中国女孩子很容易把一段艳遇当作一段感情的开始。您觉得女人是不是经历得越多越了解感情？

陈愉：没错。男人和女人对Sex的看法不同，打个比方说，男人第二天早上起来会说："昨晚还不错。"女人却觉得："我找到了生命中的他！"你如果真的爱这个男人，你的性会美妙但Sex并不是那么重要，你跟一个男人很浪漫，然后突然溜到了床上，这没什么，我们总会有些失误。

徐巍：您觉得怎么通过性来了解爱？

陈愉：我曾经见过一个女孩，她说想以结婚为前提找一个男朋友。我问她想找什么样子的？她说只有一个要求："这个男人很懂我，他一眼看到我就知道我想什么。"我觉得一方面这些女人认为自己不需要学习怎么样和男人打交道，只要男人了解自己，可是她却不需要去了解男人。而且在性方面的经历不够多，当然会有很天真的想法。当然，我觉得另一方面也要讲到避孕，虽然我们可以在Sex方面不那么保守，但我们也需要注意安全。我觉得要么吃避孕药，要么戴安全套。如果没有吃避孕药，我觉得应该明确告诉男人请用避孕套，但很多女孩会害羞，或是如果男人不愿意，就不进行避孕。

徐巍：美国女孩子大概从什么时候开始有"第一次"，是因为爱或者仅仅是因为需要？

陈愉：一般在高中。因为在12年级有一个毕业舞会，大多数女孩会选择在毕业舞会当晚完成自己的"第一次"，有的人会和男朋友，也有的人仅仅是和舞会中的男伴。毕业舞会在酒店里举行，大家会喝酒，所以会告诉父母："我不要开车回家，我和朋友已经订好了房间。"父母当然不会反对，这样那天晚上就会有初体验。但如果毕业舞会没有，那么会选择在大学一年级。

徐巍：您认为性的成长对女性认识自我是很重要的吗？

陈愉：性是一种交流。我们有次做优酷土豆的节目，我说要找 100 个男朋友，有个二十岁的女孩说"我只要一个"，她十七岁认识了现在的男友，就要和他结婚，她觉得和男友在一起反而有更多机会接触男性朋友。可我说的是我们要怎么和男人沟通，和跟一般男人交流是不一样的。和男人有浪漫的爱情，包括 Sex，这才是一个女人成长的过程。

徐巍：有的女孩看到周围一些职业发展很好的女人都是单身，就害怕职业上太成功反而找不到爱情。

陈愉：我觉得其实做女人是一种艺术。我小时候也很迷茫。二十五岁时我做房地产行业，那是一个男人的世界。虽然我是唯一的女性，但也不希望别人因为我是女人而迁就我，我需要大家重视我的能力，所以我那时候每天上班都是黑裤子、平底鞋，不化妆，短头发，那时候的我像个"小小的男人"。我觉得三十五岁离开政府以后，我才真正发现自我，享受自己的女人味。我才觉得最强的女人是这样的：你可以里面很强，但外面还是一个美丽的女人。因为我们可以享受我们到底是谁，不需要假装我们是个男人，也不需要追求做一个男人中的女汉子。

有人说女人一过二十七岁、三十岁就不美了，这太可笑了！不要告诉我什么是美，而是我要告诉你们什么是美。有这样的吸引力，才是一个女强人。

徐巍：您在书里很坦率，比如告诉大家“我父母并不是很有钱，我小时候也曾经很自卑，我想做一个白人”。

陈愉：我们每一个人需要扩大自己的圈子。我上大学的时候英文 OK，但 Social（社交）的英文完全不会，我一到那边就觉得“天哪！好像到了另一个星球”，因为我周围没有像我一样的人。虽然我可以一个人独自在那边生活，但我需要“生存”，我不愿意一天到晚一个人在图书馆，我也希望可以了解美国这个社会，看看他们之间到底是怎么打交道的。其实作为女人我们都会经历一些相同的问题。我到底是谁？怎么找到爱？应该怎么做一个美丽的女人？我们总是在讨论这些问题，不管我们在哪里长大，有没有钱。

徐巍：在爱情上女孩应该做怎样的努力呢？

陈愉：确实一方面我们需要 Social，另一方面人生也是一个很 Solitary（孤独）的旅行。我三十岁没有结婚，虽然有时候也会觉得很孤单，也会觉得我到底有什么错，为什么没有一个特别的男人来爱我？但我觉得通过这些孤单的时间，我们开始面对自己，开始找到自己的生活、找到自己的声音。如果我们一天到晚出去 Social，但没有自己的声音，好男人也会看不起你，仅仅会觉得这就是另一个漂亮的女人。哪怕我们没有一个漂亮的外表，我们也要有自己的声音。不要觉得没有男朋友生活就不完美，等到我们觉得一个人生活都很 OK 的时候，才可以和伴侣更好地生活。

徐巍：您觉得爱是需要学习的吗？通过什么方式学习呢？

陈愉：通过交更多的男朋友。年轻时当我有了一个新男朋友之后，我会完全把自己改变，因为我认为那才是一个好的女朋友。虽然我是一个女权主义者，有独立的自我，可一旦恋爱后我就不再是独立的自我了。我曾经有一个男朋友，他的问题是愤怒，虽然不会打人但是他会骂人。交往三四个月之后，我发现他 95% 的时间非常好，但是 5% 的时间有点可怕，我当时的想法是：没有一个人是完美的，我也不完美，大家都是会成长的。于是，我一年之后才和他分手。之所以拖了这么长时间是因为我们女人好像给自己设定了一个程序，我们“需要”在一种关系里面。这是不对的，我们要找一个灵魂伴侣，一个完美的关系，不能说仅仅因为“需要”一种关系就放弃底线。

徐巍：很多女孩希望找一个条件好的男人，但又觉得自己这么想是不是太势利了？

陈愉：我觉得女人经济上一定要独立，这非常重要。你的钱不需要和他一样多，但如果你自己不能完全照顾好你自己，并且拥有一个属于自己的美好人生，那你和他永远不会平等，你永远会有沮丧感，这不是一个良好的关系。重点是你要知道你可以随时离开，他也需要知道你可以随时离开。我自己以前也觉得嫁给有钱人就OK啦，因为这样生活比较容易，但我最终没有嫁给我最有钱的男朋友。我现在的老公在很努力地工作，我也在努力工作，有时候我赚得比他多，有时候他赚得比我多，我们可以很快乐地过日子。我们女人不仅仅是要吃得好、睡得好，住在一个美丽的公寓里，我们还有很多灵魂需求。

徐巍：也就是找到自己的Soulmate！

陈愉：错了，灵魂伴侣不是找到的，是创造出来的！如果我们没有嫁给一个灵魂伴侣，那我们一辈子都对不起自己。不过我觉得现在女孩的浪漫想法“这个世界上有一个男人是我的灵魂伴侣，我一碰到他就知道他是我的灵魂伴侣”完全不现实！你要找一个你很喜欢和他在一起的男人，像我每天和我老公在一起就感觉我的心在唱歌，很美妙，我们的价值观也相同。你要挑一个这样的男人，你认同他，然后一起去创造你们的世界。世界是不会给你安排灵魂伴侣的，在这之前你要有自己的想法，经过时间的洗礼，你们会更契合，所以我觉得灵魂伴侣是创造出来的！

徐巍：你现在给人的感觉仍然是很性感。但有很多女孩担心大龄之后就没人追求了，你有过这种担心吗？

陈愉：有过。在我二十几岁的时候我觉得自己可能会一辈子Lonely（孤单），但到了三十五岁想法就改变了，我觉得这一辈子我会活得特别好，我不知道会不会结婚，会不会有孩子，但一定会有爱。因为结不结婚都可以有爱，有些婚姻一辈子也没有爱，但有些单身女性一辈子有爱。别人怎么对待你，完全取决于你自己，不把你当作女人也是你自己的问题。

徐巍：每个女人都有一个幻想中的白马王子，随着年龄增大越来越困惑，要不要降低标准呢？

陈愉：我觉得不要降低标准，但是要考虑好我们的标准到底是什么，是应该的还是不应该的。从经济方面来说，我们应该首先能好好照顾自己，但我也不要养一个男人，所以他也要可以好好照顾自己，然后我们共同来照顾孩子。你自己要修炼好，你真的遇到 Mr. Right 的时候才不会错过。有很多女人觉得自己工作很好、很优秀，但这不够，发自内心是一个快乐的女人才是优秀。

徐巍：我很认同女人的确是应该在结婚之前多一些感情经历，但《三十岁前别结婚》是不是有点太绝对？如果在三十岁之前有一个不错的男朋友，对自己也很好，两人想结婚，看了你的书会不会焦虑呢？

陈愉：这本书并不只是我一个人的概念，我花一年时间做了很多研究。一方面神经学家研究发现，我们的大脑负责长期规划的部分一直在发育，哪怕生理上成熟后也不会停止。也许你二十岁就找到了自己的伴侣，可是 20 多岁正是我们迷茫的时候，到二十八岁的时候两人的价值观已经走到了不同的地方，这是非常自然的，所以从神经学来说，三十岁之前大脑负责我们规划的部分还没有发育好。虽然现在他们会说找到了自己的伴侣，可是真正的长期规划和价值观他们自己也不知道。另一方面从社会学角度来说，从概率上看，一对夫妇越晚结婚他们的感情会越稳定。其实我写这本书也不是要告诉读者你应该怎么过日子，这只是我作为一个四十岁女人的看法，我们与我们的上一辈不同，我们通过彼此的故事来学习新东西。如果有一个女人告诉我说三十岁之前一定要结婚，那也是可以的。我不是你的老师，你是一个女人，我是一个女人，我们就是在相互讨论。

徐巍：很多女孩抱怨说中国男人不会欣赏成熟的女性，很多三十五岁以上的中国男人都找的是二十五岁的女孩。那么三十岁之后还没有结婚的女人到哪里找到适龄的伴侣呢？

陈愉：在美国也有，但不会这么明显。我二十多岁的时候走到哪里都有人追求，但是我觉得他们都比较幼稚；等到我三十岁后，我只要成熟的男人；如果我三十岁遇到四十岁左右的男人，而他要找二十五岁的女孩，那我为什么要找他？我不要这样的男人。我最近和曾子航在讨论，他就说四十岁左右的男人不是不喜欢三十几岁的女人，而是他们觉得三十几岁的女人太硬了，要求更多，而心智上仍然不成熟。所以为了可以吸引到这些好男人，主要还是看你怎么发展自己。

徐巍：其实“有本事的女人一辈子都有人追，没本事的女人很快就没人追了”，跟年龄和在职场上是不是成功无关。我觉得所谓的“本事”要内外兼修，不断地让自己内在更强大，外表更性感，这是女人一辈子的功课！

陈愉：说得太棒了！这个是中国女人最缺的。“你没有天生的美丽，但你要有吸引力。”我们都不是完美的人，那么我们女人怎么能够成为极具吸引力的女人？是内心的修养和外在的修炼。我是四十岁的女人，但我觉得照样还能吸引到男人！

徐巍：羽西在序里说你是一个敢于挑战的人。我觉得女人真的需要这样，人生就是在不断地改变尝试，也许结婚生子，也许最后没有一个男人在身边，但那又怎么样？无论三十岁之前结婚也好，三十岁之后结婚也好，我们都要过一个精彩的属于自己的人生。

陈愉：你感觉自己是魅力女王，那你就是魅力女王。

Editor-in-Chief of the lounge
总编辑会客厅

徐巍

陶晶莹

做一块桃花磁铁

做了很多年《时尚·COSMO》杂志，谈了很多年情爱话题，各路心灵学说读到疲软，打开陶晶莹的《我爱故我在》，还是会时不时怔住，惊讶于她的崭新视角，大笑于她的犀利肉麻。这一切，皆缘于她是个“看过，听过，玩过，冒险过，失去过，野过，疯过”，历经职场情场极品历练，打通了任督二脉的超级女性！所以，就有了下面这场期待已久、酣畅淋漓的对话！其实想跟陶子谈的话题很多，不过既然她说“我爱故我在”，那就谈谈——爱吧！

陶晶莹

1969 年 10 月生于台湾，台湾著名主持人、歌手，主持过无数大大小小的记者会、颁奖盛会，获得过两届金钟奖最佳综艺节目主持人奖。主持的《超级星光大道》《大学生了没》等电视节目广受欢迎。

（摄影：徐阳）

徐巍：我刚读了你的新书《我爱故我在》，你在这本书里提出“爱最大”的概念，为什么？

陶晶莹：我二十几岁开始谈恋爱，当时就觉得很刺激、很好玩，但同时心里也很慌，恋爱中有很多问题不知道该问谁？自己这样做会不会吓跑这个男人？心底的声音要不要喊出来？我不能和母亲谈，她们那代人对爱情和性关系是非常保守的，所以根本没有讨论的余地，只好自己去摸索。后来我发现只要我不谈恋爱，整个人就没有光彩，就觉得自己不该活在这个世界上。这样想真庸俗（笑），但后来我想明白了：“对，我就是这样的女人！”如果没有一个人在我发呆的时候可以微笑，回家时抱着他的身体就对一切满足，我的生命会是空的。很久之前我就知道我没有爱会死，我爱故我在，但这个“爱”不仅是恋爱——在书里我提到对妈妈的感情、老公对我的付出和照顾，还有我们有了小孩之后的变化，我想是时候和大家分享了。希望有些人看这本书可以得到纾解，原来陶晶莹也经历过这样的事情，女人就是喜欢分享，然后发出“原来你也是啊！”的惊叹。但这些事情不能当教材，能引起共鸣就好了。

徐巍：但很多人对“爱”这个话题都很不屑一顾：难道爱还需要学习？爱不是本能吗？每个人都有。

陶晶莹：什么事都要学习，我们看别人煮一碗面好像很容易，但换了自己怎么就煮得烂烂的。爱是这么重要的事情，不是有欲望就能解决。比如，如果我们知道男性原来是非常简单的动物，就不会期待过高。像男人可以连续打 8 小时电动游戏，这不代表他不爱你，但女生的感觉很细腻："为什么我像尸体一样躺在床上，他连一眼都不看我？"男人就是这样，为这个我吵过很多次架，现在我老公有新的游戏，我也要，两个人肩并肩，不说话，一起玩"愤怒的小鸟"。不要让无谓的争执破坏掉一段可能会有好关系的感情。

徐巍：类似还有很多，比如女人对男人最经典的抱怨：他怎么从来不说"我爱你"？

陶晶莹：男人认为干吗要把爱挂嘴边？多恶心啊，做就对了。但如果他读过两性书籍的话，就会知道女生是听觉的动物。所以试着说"老婆，你今天好像瘦了"，你老婆肯定会把你服侍得好好的，帮你按摩一下，给你泡杯茶。你说"老婆，我们在一起那么多年，永远像第一天一样"也会得到更好的待遇。所以男人也应该学习，如果从正确的大脑科学去了解两性，你们的关系就会更融洽。爱是所有事情的根本，这听起来很像陈词滥调，但我们有没有真正去学习、实践爱？有人说："我被老公蒙在鼓里 15 年，他在外面有女人有小孩。"我就想问，你连蛛丝马迹都没有感受到吗？如果一个人能仔细研究好好做，我不相信他的恋爱会失败。

徐巍：我觉得在你非常能干的外表之下，有一颗特别柔软、特别感性的心。

陶晶莹：女性在职场面临竞争，必须非常专业，压力太大，当所有的心力为生存而 Fighting（战斗）时，会忘记心里有个柔软的角落，但我相信那个角落永远都存在，只是或大或小，或你多久去看它一次。我自己是敏感成习惯了，我们当主持人一定要这样的，一次来三十个来宾，我会看看哪个骚包？哪个爱讲话？哪个已经快打瞌睡了？我要察言观色，细细品味。再比如一个家，我们只是买个漂亮的屋子，放几百万的家具吗？它的感觉是冰冷的，还是让它充满家的味道，让人感觉温暖，愿意回来。所以有一个充满爱的女主人，有音乐、灯光，慢慢讲究生活的细节很重要。

徐巍：说到柔软这个话题，现在很多女孩觉得：现实这么残酷，我必须让心坚硬些，怎么能做事只凭感觉呢？在找男友时她们的条件也很直接：我要找一个人提升我的生活，如果这个男人还不如我，我为什么要找他？

陶晶莹：每个人有自己的生活自主权，台湾报纸总是写女主播喜欢嫁豪门，现在娱乐媒体的价值观也很有趣，双方结婚时，他们会写“门当户对，看男方多有钱，女方多有名！”，过两年离婚，媒体又会写“豪门梦碎”，完全没有深度地去问为什么。当然，每个女人想的也不一样。我自己没有办法理解，为什么有的女人会为了钱和老男人睡觉？

徐巍：或许有些人会说，陶子是因为你成功了、你有钱了，你当然可以不找有钱人。

陶晶莹：有钱男人也不会找我，他们要找比较漂亮、身材比较好的，有时我觉得我长得不好看也是天赐的福气（笑）。每个人选择的生活方式不一样，我的选择是，爱情是非常独特的一份礼物，是其他任何都不能取代的感觉，不可能因为他是有钱人，我就跟在他屁股后面走。

徐巍：有的女孩说没关系，我用他的钱去享受我的生活。

陶晶莹：然后呢？你的心灵会怎样？你心里难道不渴望拥有一个了解你，两个人不用讲，只要对看一眼就能从心底笑出来的男人？我知道这种心灵相通的感觉。人与动物不同就是我们有成熟的大脑和高尚的心灵，不过如果有人就是要放弃这种美好的感觉，我们也不要去批评。有的女孩就是要过好日子，就是要吃松露和鱼子酱，其实鱼子酱好咸啊，一顿可以，以后再吃都会没感觉。我喝咖啡时觉得 150 块的和 30 块的没区别，我老公穿夹脚拖鞋去任何地方都可以很自在，我们俩对生活的看法是一致的。

徐巍：我记得当年你和李李仁的婚姻非常轰动。很多人在此之前曾经猜测：像她这样有钱有名的女人还不得找一个什么什么样的人？我记得当时台湾媒体也有评论说：陶子是“下嫁”。

陶晶莹：我更重视的是我是不是很自在、很舒服，不用装，我们是不是有相同的价值观。我就觉得我老公很棒、很帅，他在国外也不会开错车道，我很欣赏他。他之前是赛车手，不只会飙速度，会考虑老婆在车上要怎么开，小孩在车上怎么开。还有他对狗的照顾无微不至，是一个心肠非常柔软的男人，每一只刚出生的小狗被送走时我们都抱头痛哭，我太喜欢这样的男人了！他会对我说发自内心的好听的话，他还自己学做菜，所以有人问我：是给他下药还是下蛊了（大笑）？一个家庭是双方互相都要付出的，不是一个人努力，另一个人坐着喝茶。大陆有很多戏找他拍，但他说半年见不到老婆和孩子会疯掉，等小孩再大一点再接。他很爱小孩、爱动物、爱我，不就够了吗？还要什么？钱我自己可以赚，车子房子我们都有了，我不觉得开兰博基尼会更开心，我怕被那个门切到。我有一颗钻戒，不就够了吗？那些很贵重的珠宝都不属于我。我们在颁奖礼上戴的珠宝价值几亿，每个女明星都比啊，但三分钟红地毯走完，人家会面无表情地从你身上拆掉，那个东西不会让我感到愉快。一个人的一生到底要的是什么？我在我老公身上看到一个真正爱我的男人是怎么为家庭付出的，我觉得我的眼光真好！路遥知马力，日久见人心，大家慢慢看。

徐巍：很为你这段话感动，能有这么大气智慧的婚姻观是不是因为你恋爱经验很丰富（笑）？你在书中提到“人年轻要经历过、看过、玩过、失控过，才能心甘情愿地经营一段稳定的婚姻”。

陶晶莹：孩子对爱的认识、对性的看法是父母教的。很多年轻人说我父母从没在我面前亲吻拥抱，他们一看到我们出来，本来坐在一起的人会立即弹开。我和我老公会抱在一起亲，我儿子在一旁看着流口水。李心洁写道：“相爱的父母就是给孩子最好的礼物。”生命有很敏锐的感知能力，父母压抑感情、不表达感情，小孩就会很寂寞。在东西方文化交流之后，别人有好的我们应该学。很多女孩问："妈，我可以谈恋爱了吗？"妈妈说："我看你还是进社会再谈吧。"就像《怪物史莱克》里父母把女儿关在城堡里等王子来救她，这是不是象征着很多权威的父母？不能当这样的父母，太恐怖了！你到底让你的小孩变成什么样的人？限制她恋爱，年龄一到就逼婚，怕女儿嫁不出去被人笑。被谁笑？因为你不准她恋爱，她不知道怎么谈恋爱！

徐巍：在书里，你提到女人晚一点结婚比较好，但现在也有人讲女孩要趁早找一个，不要等到成了剩女。你认为女人如何判断什么时候是结婚的 Right time（对的时间）呢？

陶晶莹：我觉得女人最好先实现自己的野心，这个野心不见得在事业上，如果你看到杂志上在介绍意大利，你说有一天要去看一看，如果你有这个心，你就先去完成它。不管是好奇心，还是旺盛的企图心，想做什么先去试，如果有人出现顺便谈个恋爱。现代女性不再只是相夫教子，不是结婚红地毯走完我就赢了，"Yes，我不是剩女！"如果没有实现自己就先走入家庭，女人会自我怀疑，面对身材的变形、荷尔蒙的变化，会觉得"完蛋了，我会不会回不来？"，所以你要有足够的智慧才能进入婚姻。婚姻意味着什么？在一个屋檐下相处 30 年以上是什么状况？我和我老公连谈恋爱带结婚 8 年了，我也会怕的，我不晓得 30 年后我们会不会还有激情？婚姻是门很大的学问，不是说嫁掉就赢了！

徐巍：现在单身女性越来越多在全世界是一个趋势。

陶晶莹：我有很多大龄女性朋友未婚，大前研一也说，一个人的经济将是未来的趋势，以后卖的菜会是一人份，不再有“单身公害”的提法，将来会有很多服务性的公共空间是不准小孩进的，结婚不是唯一的选择。如果有缘分，不要轻易放弃，好好经营会是不一样的人生；如果单身的话，大声宣布“我是皇帝，这是我的帝国”的感觉也不错啊。而两个人结婚，生活是很多细节组成的，他这么帅，他的屁声怎么那么难听！有了小孩之后，我们更要退到很后面，没有自己的人生，那些很棒的家具、很漂亮的墙壁都被粘上橡胶条，当初的梦幻城堡怎么变成这样？小孩不想吃的东西要吐到妈妈手上，这时就别想什么 Miu Miu（缪缪）、Prada（普拉达）了。要享受这一切，妈妈很轻松、很开心，小孩才会快快乐乐，我喜欢看我孩子笑。所以爱不一定是婚姻，可以是五六个朋友相处得很好，但如果你选择了婚姻，嫁掉就赢了这种想法可能会是一切悲剧的开始。

徐巍：*COSMOPOLITAN* 在全球是一本以探讨女性成长中的各种“关系”见长的杂志，但国外的 COSMO 不太讨论价值观，只谈论技巧，比如《让婚姻长久的 8 个秘密》。而在中国做 COSMO 最有挑战的一点是，我们讨论很多价值观层面的话题，比如《经历多少男人才能成为女人？》，俗话说就是“睡多少男人才值？”（笑）。现在很多女人已经在“性”方面开始有要求但也有很多困惑，一些保守的女性尤其怕自己青梅竹马的婚姻会因为自己恋爱经验少、性技巧少而被小三钻了空子，而一些开放的女性开始追求性体验的丰富。

陶晶莹：我觉得中西要合璧，中国重视价值观、道德和形象问题，但也可以把西方的技巧拿来用。可以很专一地对一个人，但是用8种技巧！这也符合对传统女人的期望：进得厨房，出得厅堂，在卧室像个荡妇。当然，也会有女人抗议："干吗，我们女人又不是玩物?!"我也经历过不同的爱情，我觉得性和技巧当然是重要的，美国大学已经开了接吻课，*Sex and the City*（《欲望都市》）里夏洛特抱怨那个男人在接吻时舔她牙龈，我也在我的网站上请性学博士介绍性技巧。其实性就像跳舞一样，前进后退，节奏不对，就会踩到脚。分寸不拿捏，双方不沟通，男人以为她很高兴，女人明明很痛苦，还要装得很高兴，为什么不好好学习一下技巧呢？有了良好的性关系，你觉得这个男人还会去找别人吗？

徐巍：你书里写"施比受有福，这同样也适用在性上"，我很喜欢这个观点，中国女孩的传统教育里都认为性方面女孩子是"吃亏"的一方。

陶晶莹：我觉得过去的东方女性太过顺从，男人会觉得无聊。"要吃什么？""看你啊，都可以。"你不觉得久了以后很无聊吗？有些男人很爱麻烦的女人，你有不同意见，他会觉得这个女人蛮有主见的，什么都懂，我们可以在心里较量一下。我老公就觉得我很特别，我以前做过棒球节目，可以和他聊棒球："哇，流线，太漂亮了，失去重心后一垒封杀！"男人喜欢女人有想法、有情趣，不要像死鱼一样两面煎，可以买个新内衣、换个场所呀。小孩无聊你会带他去游乐场、动物园，在两性技巧上多玩点花样，让你爱的人高兴为什么不做呢？女人要有自己的意见，有时也可以掌握一些权力，对他说："我带你去做什么，你一定会喜欢。"我的记忆体已经输入了我老公的很多爱好，我会在适当的时候给他惊喜。

徐巍：你谈到有些女人很识大体，不说出自己的感受，你给出的建议是："女人要该急就急，男人有时享受胡搅蛮缠、被索吻、被摸屁股。"哈哈。

陶晶莹：这是我从我老公身上学到的。他之前谈恋爱的时候不准他女朋友在街上牵他的手，我就很主动，走路要牵，开车也牵着手。我会摸着他的手，说："你手好大好舒服，你指甲好长好好看。"一直赞美他，他的感觉会很好。有时我们一起走路，我觉得他好帅，屁股好圆，就忍不住摸一下（笑）。"干什么？"一开始他被吓到，但越来越享受这样。我看他穿白T恤，觉得他好性感啊，就忍不住摸摸他，他也被我训练到，时常会捧着我的脸亲。人从肢体的接触会得到荷尔蒙的改变，会开心，有了亲密的动作，你的笑容就不一样了，你会是全天下最美的人。女生真的要主动，不要过分压抑，但也不要太夸张。

徐巍：有人说结婚后性趣的减少是必然的，时间长了，感情就变为亲情，性的乐趣会少很多，你怎么看？

陶晶莹：这个事情和体力有关，当两个人结婚有了共同的目标，为买房买车加倍工作时就会很劳累。有很多女人问我："陶子姐，我连吃饭的力气都没有，他要跟我做爱我怎么办？"

对这个问题，我的看法是，你不要让自己那么累，有时计划赶不上变化，就像《飞屋环游记》里的那对夫妻，他们计划去南美洲瀑布盖房子，存钱在玻璃罐里，但车坏了，要修房子，虽然没有实现那个目标，但重要的是在这个过程中他们享受了生活。不要规定一定要买房，没买到就完蛋了。人生的松紧都是你可以决定的！不要总想着成为任何事都第一名的女强人。我现在觉得接了三个节目就够了，我要回家陪小孩，我要脱掉鞋子在院子里跑，和我小孩打棒球，这是我要的。两个人性生活变少时要找原因，是工作太忙太累了吗？那就要减工作量；如果你们有体力，只是因为无聊，可以有很多方式，台湾有很多Motel（汽车旅馆），像巴厘岛一样漂亮，你们可以玩角色扮演："李老板，你怎么会来找我呢？"哈哈，可以增加很多生活情趣。

徐巍：我发现你对很多话题观点很开放，但对有些话题却很认真，比如关于出轨。你在书中说："如果他出轨，就让他翻车，车毁人亡。"我看了觉得好爽。不过现在有些女人认为，男人就是容易出轨的动物，虽然不高兴可也只能接受。还有些女孩假装很酷很Open（开放）：纠缠这些有什么意思啊？但其实她们心里是不开心的。

陶晶莹：我对我老公说，如果万一你出轨的话，第二天醒来，我们全家都不见了，你一辈子再也见不到我。当然，留住一个男人不能光用恐吓，他怎么会怕你呢？我老公有一次说："我每天和你斗智已经花完所有的脑细胞了，不可能有别的智商再做别的花样。”我也碰到过男朋友劈腿，你要训练自己掉头就走的能力。他说出轨是因为喝醉了，但他这一辈子还会喝醉三百次；他说没放感情，但他放别的东西进去了。有人在微博上问我，男朋友劈腿，自己抽不了身怎么办？我说请你想想他的舌头伸到别的女人嘴里的样子，你还能接受吗？地球上有太多男人了，何必呢？如果一个男人惯性外遇，他其实在心里没有把你看得很重要，他才会这样伤害你！我觉得天下好男人还不少，多给自己一些机会！不妨对你的劈腿男友说：如果你喜欢睡别人，你就去睡别人吧，不要再回来睡我。

徐巍：有很多男人女人把出轨的理由归结为婚姻制度不人性，所以才出轨。

陶晶莹：对于男性，婚姻的确不人性，因为男性需要别的刺激，但你可以让他看色情片、看色情画报，可以允许他脑子里想象别的女人，但不能在婚姻中实质性出轨。而且对于爱玩的男人女人来说，如果你认为婚姻不人性，你也做不到忠诚，你可以玩，那就不要结婚，干吗害人呢？不仅害女人，还害小孩。像很多名人的绯闻我都知道，电视一直在报道，他的小孩很难受的，学校里别的孩子会说：“你爸爸怎样怎样，你不止一个妈。”男人女人如果喜欢游戏人间，拜托你不要结婚，不要生小孩。如果婚姻是你自己选择的，你也在那么庄重的仪式上发誓了，诚恳地说“我愿意”，那就做到啊！我认为没有模糊地带，想玩就别结婚啊！

徐巍：但有时男人什么都想要，既想要婚姻，又想要外遇。

陶晶莹：可以反过来问男人："如果你老婆在外面睡男人，你的感觉如何？请问别人做同样的事情对你，你会舒服吗？"如果你气愤，想杀人，请你想想被背叛的女人的感受。

徐巍：但我觉得你书中特别有趣的一个建议是，你建议如果女人有了外遇，不要主动坦白！

陶晶莹：男人出轨已经有太多例子了，女人出轨的比例还是少的。我身边有这样一个例子，一个女人和老公多年感情不好，碰到旧情人重燃爱火，她居然主动向老公坦白，老公受不了就离婚了。如果你是一时擦枪走火，如果你爱你老公，赶快把偷吃的证据擦干净，女人是天生的说谎高手（笑）。我不能容忍男人出轨，因为男人不会说谎，如果男人有很好的说谎水平，可以瞒得住也就算了，可是男人实在太笨了，很多谎都说不好。我朋友的男朋友劈腿，居然把旅馆的发票留在皮夹里，你还要兑奖吗？一定要撕毁的嘛！男人怎么可以粗心到连一点点隐瞒的做法都没有？这样一点爱都没有，真的是非常粗糙伤人的做法。

徐巍：我记得当时你结婚的时候，大家最大的感慨是：这么聪明厉害的女人居然结婚了！通常人们认为聪明强势、可以跟男人叫板、有主见的女人是嫁不出去的。

陶晶莹：哈哈，在我的婚礼现场，已经有人下注多久之后我们会离（大笑）。有时一个人的形象不见得是你看到的样子。媒体会写陶晶莹很大牌、很不近人情，读者看完会认为我不近人情，但事实上是对方不礼貌在先。我老公爱我，我爱他，就这么简单。他觉得我很关心他，很爱他，他说："我认识的老婆跟你们认识的不一样。"陈文茜有次上小燕姐节目，在别人说李李仁会很辛苦时，她独排众议，说："李李仁会是全天下最幸福的男人，因为陶晶莹会好好爱他。"我没办法跟每个人解释我是什么样的人，没关系，人对事物会有误解，我还是过我自己的日子，只要我老公知道我是什么女人，小孩知道我是什么样的妈妈就够了。

徐巍：我也感到，我见到的陶子和电视上的陶子是不一样的。

陶晶莹：我的身段很柔软，虽然我会在广播中和人对骂，但那是对不公不义的事情，我不会在家叉着腰指使老公。一个敏感的人会懂得照顾别人。当你从心里爱一个人，用心思关心着他们，他们都能感受得到，真的不用花大钱。在工作中我必须做到迅速确实，电视三分钟要一个笑话，五分钟要一个精彩的言论，必须要有那个节奏，但在生活里会有很多趣味，我会慢下来，在院子里捡捡落花、点点檀香、看看云。

徐巍：有很多女人羡慕你，怎么就能找到真爱？现在很多人找不到爱，女人骂男人好色，男人骂女人爱钱，你对他们有什么建议？

陶晶莹：中国古人说得非常好，修身、齐家、治国、平天下。有没有人想过修身是什么？我认为就是修炼你的 EQ，当你修炼好，同性会喜欢和你共事，异性慢慢会被你吸引。女人修炼自己，不仅是学怎样涂指甲油，怎样描眼线，而是修炼自己成为一个大家都想接近的人，到时候桃花自然会来。男生一定注意到你，你太温柔、太细心、太体贴了，他就会来接近你。我希望女生多拓展自己的事业，社交不仅仅是派对，可以参加读书会、骑脚踏车俱乐部，缘分不是坐在家里就来的，慢慢修身，把自己修炼成一个桃花磁铁，你一定会碰到共度一生的人！

Editor-in-Chief of the lounge
总编辑会客厅

徐巍

南仁淑

女人是男人的升级版

○《二十几岁，决定女人的一生》《婚姻，决定女人的一生》两本超级畅销书让韩国女作家南仁淑的名字为大家所熟知。欣赏作者真实、坦白、麻辣的两性观念，更喜欢其轻松、幽默的文风，经常在看的过程中笑出声来。好吧，就让一向喜欢“谈情说爱”的 COSMO 杂志和看上去温婉贤淑（也许内心狂野呢？）的南仁淑一起聊聊——到底什么决定女人的一生？

南仁淑 韩国著名畅销书女作家，作品多为当今年轻女性感兴趣的话题，书中以“大姐大”的口吻，为 20 岁左右的女性提出不少建议。代表作：《二十几岁，决定女人的一生》《三十花开》《原来，幸福就在转角处》《女人，因画而幸福》《婚姻，决定女人的一生》等。

（摄影：黎明）

徐巍：您从什么时候开始写研讨两性关系的书？为什么决定涉足这个领域？

南仁淑：我在二十四岁的时候就结婚了，对韩国人来讲也属早婚一族。当时遇到了很多困难，不但自己要工作，还要面对家庭中的问题。可以说我很痛苦地度过了二十多岁的时光，到了30多岁，才渐渐理解了婚姻到底是怎么回事。如果我早早就知道了处理恋爱和婚姻问题的方法，也许会在二十多岁的时候过得好一些。想到很多女性也许都有我这样的经历和困惑，我觉得很有必要把自己观察和研究的心得表达出来。

徐巍：我喜欢您书中的观点和文字风格，很麻辣、很COSMO（Fun 风趣 、Fearless 大胆、Female 韵味），最难得的是一点儿都不假装。当我看到您书里教女人一些听上去不那么高尚但却非常贴心的方法，比如“女人在二十几岁要学会世俗”“成为不讨厌的利己主义者”“结婚以后要学会把握家庭政治”……我常常会心一笑，我很少看到讨论两性关系的书写得这么坦白。这是您的风格吗？

南仁淑：我本来其实是为儿童写小说的，但在写了几年童话和小说之后，突然发现周围找不到很实用的、教给女性两性关系技巧的好书，所以我想，我来写这种书好了。我在书中的表达的确有些辛辣，因为我希望自己的书绝不回避问题，而是教读者用更有效的方式去面对自己的生活。

徐巍：您书中的辛辣观点有没有受到一些男士读者的非议？

南仁淑：当然，有很多男士对我有意见，还有女性读者读完书之后，和男朋友分手的情况（笑）。但也有的男士读完觉得对自己很有帮助，因为他们知道了男性应该用这样或那样的方式对待女性，怎样对怎样不对，做哪些事情才能在女性心中更受欢迎。

徐巍：您的先生读过您的这两本谈论两性关系的书吗？他有什么感受？

南仁淑：他读过《婚姻，决定女人的一生》，没有读过《二十几岁，决定女人的一生》，因为我告诉他千万不要读，那是女人之间私密的贴心话。

徐巍：他看完书会不会觉得娶了一个很有心计的女人，因为您一直在教女性怎么对付男人，哈哈。

南仁淑：尽管男人讨厌研究自己的女人，但我觉得男人其实更喜欢那些了解男人的女人。

徐巍：您觉得女人去了解男人是不是非常必要？

南仁淑：女人了解男人是非常重要的功课。我认为男人绝对了解不了女人，但女人却可以了解男人。

徐巍：为什么男人绝对了解不了女人？COSMO 的读者有时候在读者来信中会说："为什么非要我去了解男人？他为什么不来了解我呢？"

南仁淑：这是能力的问题，和情商有关。人与人之间最重要的就是彼此间的关系，而人和人之间关系的维系要靠同感，双方之间有相同的感觉是非常重要的。举例来说，曾经有两个同样一岁大的小孩子参与了一项实验：妈妈在做家务时碰伤了手，感觉特别疼，于是呜呜地哭了，小女孩看到妈妈这样后马上就落泪了，小男孩则没什么反应，只流露出“嗯，怎么回事”这样的表情。不是说那个小男孩坏或心性不好，而是因为女性更容易有同感，男性对别人的痛苦往往无法感同身受，源于他们自身能力的不足，他不能感受到你的感觉。女性要理解男性的这一点，所以，既然他们不能了解我们，我们这些有能力的女人就要去了解他们。

徐巍：如何了解呢？读书？读杂志？与男人交往？但常常发现有些女人即使交过很多男友，却依然不了解男人。

南仁淑：女人当然要读书、看杂志，在掌握这些知识、初步了解男人之后再和他们交往。但不是说谈恋爱的次数和对男人的了解成正比。有的女人不管恋爱多少次，还是陷在同样的交往、吵架、分手模式中，因为同样的原因反复纠缠，所以对男人的认知不会进步。我们每次恋爱之后都要反省，想清楚哪些对了哪些错了，自己想要的是什么，这才是正确的恋爱态度。女人一定要戴上眼镜好好把男人看清楚，要了解男性的几种特性。而且必须用很多方法转着弯儿去理解，直接理解是不行的。

徐巍：您能分享一下您的理解心得吗？

南仁淑：男人最重要的特性是自尊心。他们都有大丈夫心理，无论过去和现在都是一样的，因为他们觉得自己要掌控全世界。自尊心是男人与生俱来的，这是一种存在感。女人也有自尊心，但自尊心在男人心里和女人心里是不同的。男人的自尊心真的非常强烈，所以我们不能从女人角度出发去理解男人，要从男人的角度理解他们对自己存在感的重视。

徐巍：很多女人为了成全男人的自尊心而甘愿牺牲自我，可是您却不这么建议，甚至告诫女人应该在不讨人厌的情况下自私一点，比如不要把第一个月的工资给父母买衣服，而是花在自己身上进修学习；比如不帮男朋友赶论文，而是去参加一个公司研讨会，而且女性不必为自己有些自私而感到愧疚。可是，女人常常会担忧：男人会喜欢自私的女人吗？

南仁淑：男人对有些自私的女性反而更喜欢，比起追求自己的女人，男人更喜欢自己追求的女人。男人的大丈夫心理决定“我喜欢的东西我自己得到，而不是别人主动送上门来”。对男人来说需要努力得来的才会珍惜。那种有些自私的女人会看场面做事，不会在男人面前失态，她们看起来什么都会，很周到，很八面玲珑。男人在看书的时候可能会觉得女人有心计不好，但在实际交往中反而觉得这样的女人好，因为她们聪明，会与人相处，她们了解自己，也理解男人。

徐巍：说到自私而聪明的女人，有本书就叫《坏女人有人爱》。而现实情况常常是女人太好了，只知道奉献、失去自我，不懂得关爱自己，结果也失去了男人的爱。那我想知道，对于坏男人呢？您怎么定义？

南仁淑：我认为性格有缺陷的就是坏男人，比如有的花心男同时交好多女朋友。男人有坏习性是怎么也改不了的。韩国电视剧里常常有这样的情节，一个坏男人碰上一个好女人就改变了，女人的命运就变得很好了，这完全是幻想，不可能是现实。

徐巍：女人经常会被花心男人吸引，但心里却很纠结，经常会问自己：他是否真的爱我？

南仁淑：很多女人问我，怎样才能知道对方是不是真的爱自己呢？我的回答是，这样的问题本身就有问题。男人在恋爱的时候，不像女人一样喜欢玩“爱情游戏”，男人在恋爱中的行动和表现，基本代表了他的真心。他经常把你撂在一边，对你不信守诺言、不关心你等，就是他不太爱你的表现。两性关系需要好好地管理，如果管理不好就如同在漆黑的房间里盲目摸索。女人一定要看清男人的本质，拥有在黑暗中抓鱼的本领。有些花心男不是像钓鱼一样一对一地和女人交往，而是大面积撒网。女人要有好好管理自己的能力，不要被广撒网的男人捕获，做他很多女人中的一个。

徐巍：您在书里说，世界上有各种变态男，女人不要依赖于自己的直觉，要“不择手段”地调查和了解要与自己结婚的他，甚至包括雇用侦探调查（当然不要让他知道）。您的理由是：跟他结婚以后，是由你来承担你和他的共同人生，你有权利了解他。

南仁淑：为什么会有这样的想法出现呢？因为我有个好朋友，她老公非常爱她，又帅又有钱，但两人结婚后，女孩发现，原来她父母在他们结婚前偷偷在背后做了调查，不仅间接调查了男方背景，还亲自到男方家里去实地考察。女孩发现后生了很大的气，认为父母对她撒了谎。但现在，她有了孩子，觉得老公对自己也一直很好，过得真的很幸福，又开始认为父母当年那么做是对的。她说，以后也会为自己的女儿这么做。

徐巍：对这个观点我部分同意，因为现在大家的生活不再像以前那么单纯了，比如我一个朋友嫁了一个美国回来的 IT 精英，本觉得非常幸运，结婚后才发现这个男人吸毒，是在美国染上的，在一年的约会中根本没发现。但是，我有一个疑问，彼此调查是否意味着两性之间的不信任呢？

南仁淑：我知道信任是两个人关系中最重要的事情，但调查是为了信任而做的行为，只有做了这个双方才能更加信任。对男人的品行，女人是可以通过主观去了解的，他的客观条件，则是在交往中无法完全了解的。很多女人在和男人交往的过程中，虽然嘴上不说，但心里也很想知道男人的这些客观条件，不想糊里糊涂地交往，所以通过调查多多了解是必要的。说实在的，这种事要非常小心才行。以后自己女儿结婚的时候，我想做一次调查就可以了，不会反复做（笑）。

徐巍：在欧美，女孩子比较早熟，在青春期后会不停地交男朋友，到三十岁左右结婚时相对已经比较了解男人，而中国女性相对结婚比较早，之前经历的男人也少，有时候在婚后才发觉世界很丰富、诱惑很多，所以会出现女性也花心的情况。

南仁淑：这太有意思了，我本来以为中国和韩国会不一样，现在看来也很相似，了解了这一点，我有一种同志般的感觉（笑）。韩国女人其实也在纠结——是向西方的观念靠拢好呢，还是和保守的东方观念更贴近好呢？但不管怎样，我期待社会朝向女性能平等与男性相处的方向发展，10年之后，我更希望看到人们对这本书内容的更新版。

徐巍：您在书里还谈到性对婚姻的重要性，甚至大胆提出“结婚后，性爱＝爱情”！我们COSMO杂志也经常谈到性，我们发现女人性的觉醒是有一个过程的。在热恋阶段，我们常常注重爱的甜蜜，结婚时，更看重男人的外在条件，只有结婚后，才发现性对婚姻有多重要！所以您建议女人：一定要跟他睡过后再考虑结不结婚。我也很同意。

南仁淑：男人的性能力是非常重要的，女人即使因为客观条件决定嫁给一个男人，也不能忽视性能力的重要性。夫妻没有血缘关系，其亲密程度却超过任何家族成员，其唯一理由就是：夫妻是肉体的结合。所以我建议年轻女孩，不是“因为肯定要跟他结婚，所以跟他睡觉”，而是“为了决定到底嫁不嫁给他而跟他睡上一觉”。

徐巍：现在全亚洲的女性杂志都热衷于谈论一个话题，那就是随着女性经济地位的提升，越来越多年过三十岁，有能力也很独立的女性找不到合适的男人结婚。

南仁淑：所谓的“大龄单身女性”现象在韩国也很受关注。理由很简单，男人大致都想早点结婚，而女人们却想晚点结婚。虽然也有男性因为怕负责任而逃避婚姻，但大部分韩国男人只要条件一成熟就想早点结婚，因为可以得到妻子的照料，可以随心所欲地做爱，还能省下约会谈恋爱的费用，何乐而不为？所以稍有点竞争力的男人很早就被那些“有结婚意愿的女人抢走了”。最后那些在二十多岁的时候拒绝结婚，自我意识较强的一类女性想结婚时却发现，和她们相配的事业有成的三十多岁的男人，往往喜欢二十多岁的女孩，不管她们多好、多出色，市场对她们的有效需求却是严重不足的。有些女人实在没有办法了，不得不和二十多岁的男孩谈恋爱，现在姐弟婚几乎占韩国每年结婚总量的 20%，而且有愈演愈烈之势。所以我给年轻女孩的忠告是，如果你不是单身主义者，若遇到不错的男人，要尽量早一点结婚，比如在二十八岁以前，否则以后就会比较麻烦。

徐巍：现在很多年轻女性看到周围离婚的人越来越多，就开始怀疑婚姻制度本身——是不是因为这个制度本身很不人性所以才会这样？所以她们潜意识里恐惧婚姻。

南仁淑：在欧洲，婚姻制度正在消失，同居现象反而更普遍，但是两个人尽管没有结婚，也像夫妻一样生活，生孩子，合法地拥有财产，这和婚姻也没有太多区别了，所以“寻求稳定的亲密感”仍然是人本质的需求。人终究还是为关系而生存的动物，那些即将离开人世的人留下的遗言都是关于关系的。所以人终究是对关系有追求的，就像婚姻制度消失了，但与婚姻制度类似的制度也会永远存在，就算结婚这个词没有了，也不代表这种关系不存在了。

徐巍：有的女人认为成熟后才能选到更适合自己的男人。您结婚很早，如果有另一次选择的机会，您会晚一点结婚吗?

南仁淑：放在我自己身上不太好说。我结婚时，不是在条件很好的男人中选一个条件最好的。我丈夫以前在空军服役，虽然级别挺高，但没有实权没有钱，不是一个世俗意义上的金龟婿。他也不是那种特别懂得女人心理、对人特别体贴的人。有些韩国男人在追求女人时的招数非常了得，有很多特别浪漫的举动，但我的丈夫不是这样的人。

徐巍：那您为什么嫁给他?

南仁淑：他有真心，是个很单纯的人，而且非常帅（笑）。尽管如此，婚姻的前 3 年我们还是非常辛苦地走过来的，战胜了很多困难，这也是我现在努力写作的原因。其实我和我丈夫也没有什么共同点，他是学物理学的，进了 IBM 韩国公司，我是学国文的，两个人为了培养共同的兴趣，经常一起做这个做那个，做了很多努力。我认为人有基本的品性，如果品性不搭，那怎么努力都没用。我们结婚 13 年了，虽然不时仍有不很顺心的情况发生，但是一遇到短暂的分离，彼此还是非常想念（笑）。

徐巍：您在书中还有一个观点我很欣赏：女人要有“就职”于婚姻的观念。有些话我印象很深：“两个人虽然是因为相爱而结婚的，但婚姻是个严肃的组织，你必须为组织做出贡献才会受到尊重。钱就是权，挣钱能力决定你在家庭中的地位。你若只会撒娇，只依赖老公对你的爱，那你不过是他的宠物，虽然家里人会宠爱这个宠物，但却不会听宠物的意见。”把婚姻比喻成职场是不是太残酷了？

南仁淑：这是一个事实，对组织有多少贡献就有多少发言权，如果你不能在金钱上对家庭有贡献，也要在其他方面努力对家庭有所贡献（但是要注意，对家务活这样一种出了家门就没有交换价值的劳动，男人通常不会很看重它的价值）。只有在恋爱阶段，才能用爱情两个字来衡量对方，这也是恋爱不能永恒的原因。想跟老公恋爱，同时也想在家人面前堂堂正正得到该有的待遇，女人必须要改变自己的“宠物”思维，要把家庭当成公司，认真为它工作。要明白婚前受青睐和婚后待遇好是两回事。

徐巍：您在书里还提到一个很有趣的词“家庭政治”，您为什么要教女人“家庭政治”呢？大家会认为这不是个好词。

南仁淑：这些事情大家心里都明白，只不过之前没有人用“家庭政治”这样直白的方式表达出来。我的一个朋友，她妈妈告诉她说，很多关系的结成和融洽不是因为爱，而是有钱的因素，大家族之间的关系不是本来就好，而是通过经常赠送礼物这样的办法，把家庭内部关系搞成这样好，就算家人之间有爱有感情，但如果没有钱来维持也是不行的。好多人觉得和家人谈钱很脏，但事情本来就是这样，我只是把别人不说的说出来了。钱很重要，爱也很重要，把两者好好结合起来才可以把以后的路走好。

徐巍：女人总喜欢拿自己的男朋友或老公和别人的比较，您怎么看?

南仁淑：这是最坏的事情，永远不要拿自己的男朋友和别人比，“比较”这件事情是各种不幸的事情中最不幸的了。和别人比丈夫和孩子是没有意义的。我的丈夫只是个平凡的 IT 公司职员，虽然我在采访中也认识一些非常成功的男人，但我从来不会比较，我有信心，也愿意为两个人的关系而努力。有些男人虽然挣钱更多，但忙到没有家庭生活的时间。我就告诉我丈夫，你不用挣太多钱，我们就这样幸福地生活就好。

徐巍：能这样认识的女人是有智慧的，但年轻女孩通常很难做到。在您的第一本畅销书《二十几岁，决定女人的一生》里，谈了很多关于女人成长的话题，我觉得对年轻女孩很有帮助。比如您说过一句很有趣的话：“女人要有一双公主的手和一双侍女的脚。”意思是女人不要把目光集中在那些让你成为好主妇的课程里，而是要勤奋地为自己的未来寻找出路。您是不是认为女人一定要有宠爱自己的态度?

南仁淑：这是我书里的核心观点，女人一定要爱自己、对自己好、了解自己——拥有自信心对女人来说是最重要的事。

不爱自己的女孩，别人也不会很爱你，男女关系中这种说法也是适用的。女性一定要以自己为第一位，在婚姻、两性、职场等各个领域都是这样的。

徐巍：您还有很多观点很坦白，比如“女人在二十几岁时要学会世俗，不要对金钱和现实有精神洁癖”。但是您觉得这种清高的心理在今天是不是越来越少了？反而走向了另一个极端？

南仁淑：我觉得，虽然还存在清高女孩为了追求爱情不顾一切，但这样的人越来越少了。现在的确有很多人为了物质结婚，在韩国也一样。在我看来，完全为了爱或完全为了物质不顾其他因素就结婚都不对。

徐巍：您认为女人在年轻时应该勇于面对自己内心的欲望，还是听父母的话珍惜一个对自己好的男人？

南仁淑：首先一定要听父母的话，别人对你可以不负责任，只有你的父母对你是全心全意的。但最终做何选择，应该还是由你本人来决定。不管是听父母的，还是坚持自我，都要自己负起责任，承担起后果。

徐巍：您在书里一直鼓励女孩子树立正面积极的态度，即使家庭不好，仍然可以通过努力改变命运。您还提醒她们，家境不好、来自偏远地区的人，常有不自信的思考方式，这样的人更要自省，不要相信受苦就一定能增长智慧。

南仁淑：即使现在的境遇不好，也一定要相信自己可以得到幸福！韩国有一句话很流行，似乎是从《圣经》里来的，大卫说："这会过去的。"在大卫非常困难、被追杀、被其他王迫害的时候，他对自己说"这会过去的"；在他自己当上国王，非常荣光的时候，他也对自己说"这会过去的"。这种荣辱不惊的心态很重要。在我们的一生之中充斥着各种好事、坏事，在追求幸福的过程中不能避免有些坏的事情发生，不管好坏，这都是生活的一部分。我自己本身很幸福，在当作家后有了些名气，但我还是和以前一样觉得幸福。总之，不要相信生活是简单的，要做好功课，要学会调理自己、爱自己。

徐巍：您对自信心的阐述我很欣赏：尊敬自己，并为自己而自豪的心就是自信心。常常听到女孩说：我很自信啊！但其实她们关注的重点并不是如何不断完善自己，而是觉得父母很厉害才有自信，嫁得好才有自信……常常都是寄托于一些外在条件上。

南仁淑：人如果先把自己的等级提高了，周围的朋友也会同时提高，和你是一个层次。相比那些仅仅因为丈夫而自信的女人，那些因为自己而自信的女人反而更满足。自信心强悍的女人，无论碰见什么样的对手都不会胆怯，这不是因为她们心里在想"我比你厉害"或者她们在控制自己"不要跟对方做比较"，而是因为她们明白"她是她，我是我"这个道理。

徐巍：我对您书中印象最深的一个观点是，过得不错的女人，一般都是婚前婚后都有自我空间的女人——结婚后也要为自己准备一张桌子！这也是COSMO所倡导的——女人不能因为恋爱、婚姻而失去自我！

南仁淑：女人一定要有自己的生命力！以前的女权主义宣扬和男人对立，总想超过男人、教训男人，这是不对的。女性要有自己内心真正的追求和自己的魅力，这样才是一个成功的女人。

徐巍：以前有本很流行的书叫《男人来自火星，女人来自金星》，您认为来自不同星球的男人女人能达成真正的沟通吗？

南仁淑：我读过《圣经》里的伊甸园故事，有种说法是因为亚当有缺陷，上帝才创造了夏娃，所以女性是男性的升级版。对于同一个问题，女性可以调节男人，男人则任其自然发生。所以，女人更能理解男人，即使到不了百分之百的程度，但只要我们尽量努力地理解男人，达到真正的沟通和理解的路不会很长很远。

徐巍：我很好奇，作为一个两性关系的作家，在两性关系上还有没有让您困惑的问题？

南仁淑：其实在这方面，我仍然还需要进步。我正在写一本关于男性的书。为此，我收集了很多资料，访问了很多人，各个国家都有，请大家期待。

徐巍：我非常期待。感谢您今天为COSMO带来的精彩见解！

我的时尚之路

感谢漓江出版社的符红霞女士，我担任《时尚·COSMO》主编 14 年（2000—2014）来的卷首语和“客座总编辑”访谈精选（一）几经难产后，终于面世了！谢谢她的孜孜以求和锲而不舍，让我这个自诩为搞文字工作的懒人终于有了第一部自己的作品。

我 1994 年从中国人民大学新闻系毕业，之后来到《三联生活周刊》做记者，那时的我是一个追求“无冕之王”新闻理想的热血青年，觉得只有谈论国计民生等社会、经济大事才是新闻工作者该干的事。当时在《三联生活周刊》的我作为一个初出茅庐的小记者，跟着一帮新闻界大腕采访了户口调查、扫黄、广岛原子弹幸存者等时政类新闻。虽然当时的《三联生活周刊》还在内部试刊时期，很多采访因故没有发表，但那段经历对我以后的媒体工作奠定了一个很好的基础，它让我明白了一个新闻工作者对社会的价值和责任。

当时《三联生活周刊》也是在初创期，资金、人员一直在调整，出出停停，于是 1995 年 9 月，一批编辑记者离开了三联，我也是其中之一。恰巧因为一个同学的介绍，我得知《时尚》杂志正在招人，于是在一个夏天的午后，我带着自己的简历走进了当时《时尚》杂志社位于东单西裱褙胡同的一个临时办公室，从此开始了我的时尚职业生涯，开始了我的被很多人羡慕称为高大上行业的时尚之路。

从 1995 年 10 月来到《时尚》杂志（《时尚》杂志创刊于 1993 年 8 月），一直到 2014 年我卸任《时尚·COSMO》主编被提升为董事总经理，我在时尚行业整整工作了 20 年。可以说这 20 年是整个奢侈品行业在中国腾飞的 20 年（路易威登、杰尼亚、兰蔻等最早进入中国的奢侈品品牌，进入中国的时间就是 1993 年前后），是中国时尚产业崛起的 20 年，也是中国时尚杂志爆发式增长的 20 年。

很幸运，我亲历其中。

从事时尚行业 20 年，我全面重新认识了我所从事的这个行业。

如果说《三联生活周刊》等时政类期刊是让人们往外看，去了解外在的世界，那么，《时尚》类生活方式杂志则是让人们往内观，去体悟内心真正的自我。了解自己适合什么颜色的口红比了解油价上涨更没有意义吗？学会穿衣品位与学习股票投资有什么高下之分呢？掌握如何与男人相处探究生活幸福的意义一定亚于了解非洲种族歧视亚洲地区纠纷吗？可能你觉得我这些比喻并不恰当，这些论题根本不构成对比关系，但我想说的是，在今天我的新闻价值观中，我不再像年轻时那样认为只有时政经济新闻才是所谓高高在上的“无冕之王”唯一应该追求的新闻理想，反而认为，我们常常去了解外在的世界，而疏于了解内心的自己。也许时尚杂志谈的都不是什么动辄影响世界的宏大议题，但它贴心、温暖，在一点一滴中影响了你改变了你，改变了你的生活方式，思维观念，进而改变了这个世界的某种存在。

曾经因为这一辈子“难道就跟口红、衣服打交道了”而觉得大材小用、新闻理想无法实现的我，在一次次收到读者来信、微博留言的过程中，真实感受到了自己所从事工作的意义。

在众多时尚类杂志中，《时尚·COSMO》以谈论女性精神成长见长，也是我在这本杂志工作20年的原因之一。时装、美容是女人一生锦上添花的东西，必须要掌握这门利器，别总犯“文艺病”，瞧不起这些，似乎爱好穿衣打扮是一件多么肤浅的事，让它为自己的人生加分吧！此外，内在的独立、丰富、坚强、智慧是女人生命中雪中送炭的东西，它能让你历经岁月的磨砺而魅力永在。《时尚·COSMO》是一本“关系圣经（Relationship Bible）”，360度告诉女人如何处理自己与物质，与男人、与上司、与性、与自我等各种关系，活出一个精彩的自我。

我尤其喜欢它的口号，Fun 风趣、Fearless 大胆、Female 韵味，充满了一个活色生香的女人的烟火气息，可以说三F精神影响了全世界数以亿计的年轻女性。

在《时尚·COSMO》工作20年，自己写的东西、采访的文章挺多，涉及时装、美容、生活方式、两性关系、心灵成长……第一本书的主题定为什么让我着实费了一番脑筋。出版社符总编问我：你最想传递的女性精神是什么呢？

我认真想了想这个问题，答案是以下三点。

独立。我认为独立精神是中国女性在历史传承以及今日教育中最缺乏的一种精神理念。“女孩不用太要强”“嫁汉嫁汉，穿衣吃饭”的说辞难道今天不是仍然盛行吗？尤其在剩女多、房价高、生存压力大的今天，可以说，中国女性的独立精神在倒退，我们不过是把“汉”改成了“高富帅”，把“穿衣吃饭”换成了“有车有房”而已。我不是社会学家，不想用“封建余毒”来分析这些；我也不是道德卫士，不想违心说自己二十多岁的时候没有做过“一劳永逸嫁入豪门”的美梦，我只想通过自己的成长经历，跟大家分享把人生驾驭在自己手上，无论经济还是头脑都不依赖于别人是多么爽的一件事！我记得作家刘瑜曾经说过，怎样让年轻女孩放弃依靠男人得到一切的想法？好像没有什么办法，除了被命运反复羞辱。我也不认为很多女孩看完我这本书后就立马独立自强了起来，我只是想跟她们分享人生的一种可能性，让她们在前行的道路上获得一点勇气。

性感。这更是在中国被广为诟病的一种理念。似乎性感 = 不正经 = 骚 = 不要脸……虽然今天的女孩不像原来那么保守了，但是仍然不知不觉被这种观念绑架。“Sexy”是美国 *COSMOPOLITAN* 的核心精神，该杂志在美国被誉为“性感圣经（Sexy Bible）”。女人要一辈子性感，要敢于追求性魅力和性快感，这种观念影响了美国一代女性。在做中国版 COSMO 的 20 年里，我们一直用中国的方式阐释性感，鼓励女人追求性魅力。如果说这些年中国的时尚文化在被越来越多年轻女孩所接受，性感文化的道路还很遥远。中国女人的性感魅力期实在太短了，放眼望去，四十岁还依然风情万种的女人实在少之又少。如果你问我做《时尚·COSMO》主编最大的一个愿望是什么？我的答案是：希望看到中国的大街上有越来越多美丽的、有品位的女人，希望看到越来越多年纪越大越有味道越有风情并依然激情四射的女人！

趣味。人生苦短，趣味来补。成为一个有趣味的女人我觉得比成为一个所谓外人眼中成功的女人更重要。一直在时尚杂志鼓吹吃喝玩乐很多年，在朋友眼中俨然一个生活享乐专家。据说这几年“私享家”比“思想家”更受欢迎，“生活家”比“行业专家”有品位。在今天中国仍然盛行的成王败寇的成功学价值评判体系下，我很感谢自己从事的时尚工作让我见识了世界上这么多美好的事物，从一元成功论的狭隘世界中跳脱出来发现了一个更加广阔而美好的天地。很赞同闺蜜于丹对成功的定义：人生应该有意义 + 有意思，有意义是我们对社会的承担，有意思是我们对生命的滋养。

哈哈，说了半天，说的不就是 COSMO 的三 F 精神吗？Fun 趣味、Fearless 独立、Female 性感。

其实三 F 精神就是一个女孩从少女到女人的精神成长之路。我也是这么一路走过来的，有恐惧、有不安、有憧憬、有喜悦，并且还在一直往前走。这本书收录了我做《时尚·COSMO》主编 14 年来的一些卷首语和“客座总编辑”访谈。访谈中所问的问题都是我曾经年少时有过的一些纠结和困惑，希望从采访对象那里听到他／她的想法和答案。

所有这些都不是什么标准答案，其实人生从来没有标准答案（标准答案是我最痛恨的）。每一个人在短短的一生中，尽情地绽放自己，勇敢遵从自己内心的选择，不断地给自己勇气去经历、去体悟，活出自己认为的精彩的一生，这难道不是最时尚最酷的一件事吗？

我的时尚之路才刚刚开始呢，哈哈。

最后感谢把我领进时尚大门的时尚传媒集团创始人吴泓先生、刘江先生，感谢一直支持我工作的我先生王猛，感谢本书的策划人符红霞女士，谢谢你们一路的支持！

图书在版编目(CIP)数据

像爱奢侈品一样爱自己：珍藏版 / 徐巍著. --桂林：漓江出版社，2018.11
（阅美悦读）
ISBN 978-7-5407-8539-0
Ⅰ.①像… Ⅱ.①徐… Ⅲ.①女性—成功心理—通俗读物 Ⅳ.①B848.4-49
中国版本图书馆 CIP 数据核字（2018）第232766号

像爱奢侈品一样爱自己（珍藏版）
XIANG AI SHECHIPIN YIYANG AI ZIJI（ZHENCANG BAN）

作　　者：徐　巍

出 版 人：刘迪才
出 品 人：符红霞
策划编辑：符红霞
责任编辑：王成成
责任校对：章勤璐
封面设计：U-BOOK
责任监印：周　萍

出版发行：漓江出版社有限公司
社　　址：广西桂林市南环路22号
邮　　编：541002
发行电话：0773-2583322　　010-85893190
传　　真：0773-2582200　　010-85893190-814
邮购热线：0773-2583322
电子信箱：ljcbs@163.com
网　　址：http://www.Lijiangbook.com

印　　制：三河市西华印务有限公司
开　　本：880×1230　　1/32
印　　张：8.5
字　　数：160千字
版　　次：2018年11月第1版
印　　次：2018年11月第1次印刷
书　　号：ISBN 978-7-5407-8539-0
定　　价：52.00元

新书推荐

《点亮巴黎的女人们》（珍藏版）

［澳］露辛达·霍德夫斯 / 著　祁怡玮 / 译

她们活在几百年前，也活在当下。

走近她们，在非凡的自由、爱与欢愉中

点亮自己。

《时尚简史》（珍藏版）

［法］多米尼克·古维烈 / 著　治棋 / 译

法国流行趋势研究专家精彩“爆料”

一本有趣的时尚传记，一本关于审美

潮流与女性独立的回顾与思考之书。

《女人 30⁺——30⁺ 女人的心灵能量》（珍藏版）

金韵蓉 / 著

畅销 20 万册的女性心灵经典

献给 20 岁：对年龄的恐惧会变成憧憬

献给 30 岁：于迷茫中找到美丽的方向

《女人 40⁺——40⁺ 女人的心灵能量》（珍藏版）

金韵蓉 / 著

畅销 10 万册的女性心灵经典

不吓唬自己，不如临大敌，

不对号入座，不坐以待毙。

《优雅是一种选择》（珍藏版）

徐俐 / 著

《中国新闻》资深主播的人生随笔

一种可触的美好，一种诗意的栖息。

《像爱奢侈品一样爱自己》（珍藏版）

徐巍 / 著

时尚女魔头写给女孩的心灵硫酸

与冯唐、蔡康永、张德芬、廖一梅、

张艾嘉等深度对话，分享爱情观、人生观

即将上市

《玉见——我的古玉收藏日记》

胡楠 / 著

时建明 / 摄影

遇见古玉，

遇见生命中的温润美好。

《与茶说》

半枝半影 / 著

茶入世情间，一壶得真趣。

这是一本关于茶的小书，

也是茶与中国人的对话。